Introduction to Space Launch Vehicles

宇宙ロケット工学入門

宮澤 政文 [著]

朝倉書店

はじめに

　気球に乗って地上からゆっくりと高空に上昇していくときの様子を想像してみよう．空気はしだいに薄くなり，気圧が低くなり，やがて 8,000 m 級のヒマラヤ山脈を超える高度になると，人は酸素吸入器のお世話にならなければ生きることができない．現在，国際線の大型旅客機は高度 1 万 m 前後の高空を飛んでいるが，さらに上昇すると空気は一層薄くなり，飛行機は飛ぶことができなくなる．気球も上昇できない．さらに，気象現象も見られなくなる．

　天空あるいは空(そら)は我々の頭上に無限に広がっているが，そのうち，どこから「宇宙空間」が始まるのであろうか？　その境界については，半世紀を超える長い間，国連において科学および国際法の双方の側面から議論されてきたが，未だに決着はついていない．天文学でいう何万光年先の宇宙のことはさておき，地球大気圏外の宇宙空間（Outer Space）のことを略してスペース（Space）と呼んでいるが，この地球周辺の宇宙空間だって相当に広大である．

　たとえば，光の速さで静止衛星（注 1.2, p.19 参照）まで 0.1 秒強，月まで 1 秒余り，太陽までは 500 秒かかる．太陽系惑星の最も外側にある海王星の軌道直径を光の速さで飛行するのに 8 時間余りかかる．アメリカ航空宇宙局（NASA）のアポロ計画により，人類が初めて月に降り立ったのは 1969 年 7 月のことである．その後 1972 年までの間に合計 27 名の宇宙飛行士が月の近くまで到達し，うち 12 名が月面着陸を果たして無事生還している．その後は誰一人として月面に着陸した者はいない．日本では最近，月周回衛星「かぐや」を送って月表面の観測を続けたことは我々の記憶に新しい．光の速さで 1 秒強のところにある月にしてこのような状態であり，宇宙空間はとてつもなく大きいのである．

　我々はほぼ半世紀にわたって，この広大な宇宙空間に人工衛星・探査機・飛行士を送り，多彩な宇宙活動を行ってきたが，それは「宇宙ロケット」の出現によって可能になった．その進化と成熟は未知の領域への道をさらに切り拓いていくことになろう．

　ロケットは，広大な宇宙空間への唯一の輸送手段であり，宇宙活動の出発点で

ある．宇宙への乗り物といってもよい．しかし，自動車，電車，船舶，飛行機など，我々の日常生活に欠くことのできない輸送機関と比べてみると，乗り物としては変り種であることがわかる．

　アトラス，アリアン，デルタ，H-2A，ソユーズ，長征，それに最近退役したスペースシャトルなどの宇宙ロケットを打ち上げるとき，第1段ロケットのエンジンは地上で点火されるが，このとき周囲の空気はまったく使われない．ロケットは動力源である酸化剤と燃料（合わせて推進薬と呼ぶ）を自ら携行し，その燃焼ガスを後方に噴出して推進力を得るので，空気のない宇宙空間をも飛行することができる．一方，ジェット旅客機は空気を取り入れて推進力を得ているため，月世界旅行をしようと考えても，それはできない相談である．

　このような宇宙ロケットに興味をもち，将来，ロケット工学や広く宇宙科学を学びたいと希望する若者は多い．一方，宇宙ロケットは，ソフトウェアおよびハードウェアを含めて，多岐にわたる分野の科学技術を有機的に組み立てることによって成り立つシステムである．このような高度で複雑なシステムを正確に理解するためには，高等数学をはじめ多くの専門分野の知識と訓練が必要になる．当然，大学1, 2年レベルの素養だけでは不十分である．

　ロケット工学をその基礎から学びたいと希求する学生・初心者にとって，何よりもまず，ロケットのシステムおよびその運動の物理現象を正しく理解することが必須であり，その上に立ってさらに数理解析に進むことが求められる．現在，この分野ではそれぞれ特色のあるテキストが数多く出版され，学生に利用されているが，総じて，数理解析に主眼を置いたもの，あるいは，特定分野に限られた専門書が多く，宇宙ロケットの全体像をわかりやすく解説した入門書は少ないのが現状である．

　筆者は過去，わが国の宇宙開発の揺籃期から成長期にわたり実用ロケットの開発・運用や国際宇宙ステーション（ISS：International Space Station）計画初期の実務に携わってきた．ロケットでいえば，技術導入型ロケットから大型国産H-2ロケットの開発までである．その過程で，ロケット発射時のエンジン点火失敗，開発試験におけるエンジン爆発事故（複数回），基礎試験中の水素爆発事故など，多くのトラブルを経験してきた．こうした不具合に関する記者発表で冷や汗をかいたこともある．後に，大学教育にも携わることになったが，当然のことながら，「ロケットの科学と技術」のすべてに精通している訳ではない．それにもか

かわらず，経験を通して得た宇宙ロケットの実像を，不完全ではあっても1つの視点から俯瞰し，独断と偏見を含めて整理し直すことも意義あることであろう．同時にそれは，ロケット工学入門書の1つとしていささかなりとも将来有望な若者達の役に立つのではないか，と考えた．

宇宙ロケットとは何か．それはどのように飛行し，何をすることができるのか．機体はどのように構成され，各システムはどのような役割を果たすのか．ロケット工学の基礎となる原理原則（科学の側面）と主要システムの作動メカニズム（技術の側面）について，難しい数学に頼らずに，その基本的な物理現象をできる限りていねいに記述することによって近代宇宙ロケットの全体像を描き出そうと思いついたしだいである．

本書は入門書である．上記の趣旨に沿って，高校の数学と物理の基礎を習得した人を対象にしており，したがって，大学1，2年生の講義用テキストまたは参考書として妥当なレベルであると考えている．また，（科学に興味をもつ）高等学校高学年生には理解できる内容であろう．同時に，一般の方でも，宇宙開発や宇宙技術に興味をもたれる方であれば，理論の詳細は別にして，基本は理解できるものと考えている．ロケット全般のことから，さらに特定の専門分野に興味をもつ方は，巻末に記した文献を参考にして，数理解析を含め，より高度な内容の学習に進んでいただきたい．

最後に，本書の内容や構成に関して若干の注意事項を記しておきたい．

1) 本書の第4章，第6章，第8章，第10章には，やや高度な専門的内容を扱う項目があり，はじめてロケット工学に触れる方には少し難しいものと思われる．そのような場合，その部分を飛ばして先に読み進んでいただいて構わない．後に省略せずに読み直していただければ，はじめは難しく感じた内容も自然に理解できるようになるであろう．

2) 第10章は，自然の法則を体系化した古典力学（ニュートン力学）の基礎について整理したものである．そもそも，宇宙ロケットはただ強力なエンジンをつけて空高く，遠くに飛び立っていけばよいというものではなく，衛星や探査機を宇宙空間の予定軌道に正確に運搬するという役割をもっている．したがって，ロケットの科学技術を深く理解するには，ニュートン力学を正しく理解することが欠かせないのである．

3) ロケット技術からはやや離れるが，宇宙政策関係のことに言及した部分があ

る．筆者は過去，欧米の宇宙政策の専門家とたびたび接触してきた経験から，常々，わが国の宇宙科学技術の正常な発展のためには，科学者・技術者自身，この方面の理解が必要であると同時に，宇宙政策・宇宙法の分野を充実させることが急務であると考えてきた．その考えは今も変わらない．この分野について，もう少し掘り下げたいところではあるが，それは別の機会に譲り，ここではその一端に触れたに留まる．

本書は，ロケット工学の入門書を目指したもので，その趣旨に沿って高度な科学技術分野については正確さを若干犠牲にした面もある．専門家諸氏には異論もあろうかと予想されるが，この点はご容赦願いたい．本書を通して多くの若い人達がロケットだけでなく宇宙科学および宇宙技術の基礎を理解し，さらに広く科学技術探求の道に入る手がかりをつかんでいただければ幸いである．

今回，多くの方のお世話になった．（株）ビオシード代表取締役・加藤敏彦氏からは全体の構成についての貴重な考え方を示唆していただいた．筆者の不得意分野については，かつての同僚や友人の支援を仰いだ．なかでも，旧宇宙開発事業団の同僚であった只川嗣朗，長崎守高，池田 茂の諸氏から，それぞれの専門分野について非常に多くの支援とコメントをいただいた．宇宙航空研究開発機構の小林悌宇氏ほか数名の方に様々なご助言をいただいた．本書の図表作成については，筆者の静岡大学時代の教え子達，なかでも，永田靖典君（現在岡山大学工学部助教）から全面的な協力を得た．最後に，本書の実現に格段のご尽力をいただいた朝倉書店の編集部に心から御礼申し上げたい．

2016 年 10 月

宮澤政文

参考文献および出典について

　本書執筆に際して参考にした文献は巻末にまとめて示した．各章全般の参考にした文献は，章末に [1], [2], [3] のように示した．また，本文テキストの中の具体的事項や表現を参考にした文献については，該当する部分を [15 = 第 3 章] のように記した．図表の参考・引用文献については，それぞれのタイトルの末尾に記し，また，写真については出典・提供先の組織，団体名または個人名を記した．関係者および関係機関に深甚の謝意を表します．

目 次

1. **ロケットの歴史概説** ─────────────────────── 1
    1.1 花火から近代ロケットの登場まで　*1*
        前史／　近代ロケットの黎明／　近代ロケット第1号—V-2号の登場—
    1.2 月への先陣争い，そしてその後　*4*
        人工衛星から月へ／　第2次世界大戦後の時代背景／　宇宙活動の多様化とスペースシャトルの登場
    1.3 各国の宇宙活動　*8*
        ロシアのロケットと有人宇宙活動／　ヨーロッパ宇宙機関（ESA）の活躍／　中国の台頭／　わが国のロケット開発
    1.4 宇宙ロケットの近未来—再使用ロケットの可能性—　*15*
        コラム：宇宙の眼 1. 宇宙空間はどこから始まるのか？　*17*

2. **宇宙ロケットの誕生** ─────────────────────── 20
    2.1 ロケットとは何か　*20*
        ロケット飛翔体とロケットエンジン／　ロケットの推進原理／　化学ロケットの種類と用途／　非化学ロケットの現状
    2.2 飛行機とロケット　*25*
        飛行機に作用する力／　飛行機を支える揚力／　ロケットに作用する力
    2.3 宇宙空間への足がかり　*29*
        ニュートンの人工衛星／　宇宙輸送システムとしてのロケット
    2.4 ミッション要求　*32*
        人工衛星および宇宙探査機の軌道
    2.5 宇宙ロケットに要求される機能・性能　*34*
        ロケットの打上げ方位／　重力と大気による速度損失／　多段式構成／　飛行フェーズの考え方／　ロケットの道案内

3. ロケットの推進理論 ———————————— 39

3.1 ロケットの推進システム　*39*
液体ロケットと固体ロケット／　ロケット推進力の発生

3.2 ロケットの推進性能　*44*
推進力と総推力／　速度増加（増速度）―獲得速度―／　比推力―エンジン性能―／　質量比―構造性能―／　打上げ性能（打上げ能力）／　推進性能の比較

3.3 ノズルの働き　*49*
超音速ノズルの効用／　伸び縮みする気体の性質―超音速流れの実現―／　ノズルの形状／　ノズル流れの実相／　外気圧の影響

3.4 飛行フェーズと推進システムの選択　*56*
ブーストフェーズの推進システム／　水平加速フェーズの推進システム／　近未来の第1段ロケットの推進薬

4. 液体ロケットエンジン ———————————— 59

4.1 液体ロケットとは？　*59*
再着火の機能／　ロケット飛行方向の変更／　ジンバルによる推力方向制御

4.2 推進薬の移送・供給　*63*

4.3 推進力の発生　*64*
噴射器／　燃焼ガスの流れ―燃焼室からノズル出口までの化学反応流―／　燃焼室内の化学反応―化学平衡―／　ノズル内の反応流

4.4 燃焼室の冷却　*69*
再生冷却／　アブレーティブ冷却／　放射冷却

4.5 エンジンサイクル　*72*
開放型―ガス発生器サイクル―／　閉鎖型―2段燃焼サイクル―／　エンジンサイクルの比較

4.6 液体推進薬の特性　*75*
液体酸素とケロシン（RP-1）の組合せ／　液体酸素と液体水素の組合せ／　四酸化二窒素とヒドラジン系燃料の組合せ―猛毒の液体推進薬―／　液化天然ガスの将来性

4.7 無効推進薬について　*81*

コラム：宇宙の眼 2．怖いロケット燃料の話　*82*

5. 固体ロケット ──────────────── 85

5.1 固体ロケットの仕組み　*85*

大推力／　推進薬密度／　固体ロケットの弱点

5.2 モータケース　*87*

モータケースの材料／　断熱材とライナ／　点火装置

5.3 固体ロケットのノズル　*89*

ノズルの材料／　可動ノズル

5.4 推進薬と推力パターン　*90*

コンポジット推進薬／　推進薬の組成／　推進薬の断面形状と推力パターン

5.5 製造と組立て　*94*

セグメント組立てと一体組立て／　上段用および下段用固体ロケットの構造性能

5.6 大型固体ロケットのシステム　*95*

5.7 固体ロケットと環境問題　*96*

酸性雨／　宇宙ゴミの問題

6. ロケットの構造と材料 ──────────────── 99

6.1 宇宙ロケットの骨格　*99*

構造システムの役割／　ロケットの形状と構成／　コア機体と補助ロケット／　第1段液体ロケットと固体補助ロケットの組合せ／　衛星フェアリング

6.2 液体推進薬タンクの構造　*104*

一体型タンク／　酸化剤タンクと燃料タンク／　構造様式について／　タンクの製造法

6.3 構造設計の考え方　*109*

荷重に耐荷すること／　安全設計の方法／　荷重と強度の定義／　設計安全係数の定義／　安全余裕の定義／　宇宙ロケットの安全係数／　耐荷することの保証―確率・統計の考え方―／　例題：有人ロケットの「破壊」に対する安全の確保／　安全係数と安全余裕について／　軽量化の考え方

6.4 ロケットの材料　*117*

コラム：宇宙の眼 3. 宇宙ロケットの先端はなぜ丸いのか？　*119*

コラム：宇宙の眼 4. 頭のにぶい物体の空気力学　*121*

7. ロケットの分離機構 ―――――――――――――――――― 125
  7.1 分離機構とは　*125*
  7.2 火工品の効用　*125*
  7.3 代表的な火工品の作動原理　*127*
  7.4 宇宙ロケットの分離機構　*129*

8. 宇宙ロケットの飛行と誘導制御 ―――――――――――― 136
  8.1 飛行経路の設計　*136*
    基準飛行経路／　姿勢変更の設定／　イベント・シーケンスの設定
  8.2 ロケットの誘導制御　*139*
    誘導制御の役割／　電波誘導と慣性誘導
  8.3 慣性航法　*141*
    航法の原理／　慣性センサユニット／　IMUの搭載方式と航法計算
  8.4 誘　導　*150*
    誘導はなぜ必要か／　"誘導をかける"こと／　大気層飛行中の誘導―無誘導飛行―／　大気層外飛行中の誘導―誘導飛行―／　日本の誘導事情
  8.5 制　御　*154*
    姿勢制御の方法／　シーケンス制御と姿勢制御
  8.6 宇宙ロケットはどのように飛行するか―H-2Aロケットの打上げ―　*157*

9. ロケットの打上げ運用 ――――――――――――――――― 164
  9.1 ロケット打上げの諸条件　*164*
    発射場の地理的制約／　打上げ方位と追跡局／　地球観測衛星の打上げ／　打上げの窓／　気象条件／　垂直発射と斜め発射
  9.2 計測と通信　*170*
    ロケット飛行の監視
  9.3 ロケットの打上げに伴う安全対策　*171*
    射点近傍の警戒／　機体の落下予測海域と通報／　飛行安全管制
  9.4 宇宙ロケットを取り巻く状況と課題　*176*
    打上げに伴う国際的義務／　宇宙ロケットの民営化と商業利用／　わが国の民営化と課題／　次期ロケットの考え方

コラム：宇宙の眼 5. あやまちは人の常—ロケットの開発と不具合　*181*

10. 自然の法則と宇宙ロケット—宇宙工学入門への試み— ———— 184
10.1　古典力学の世界　*184*

慣性系／　2体問題／　非慣性系と慣性力

10.2　地球中心の円錐曲線軌道　*188*

軌道エネルギー／　軌道要素について／　軌道傾斜角 i の補足説明

10.3　人工衛星の軌道　*192*

10.4　軌道変更の原則　*198*

10.5　静止衛星は如何にして"静止"衛星となるか　*201*

静止衛星の打上げ手順／　静止トランスファ軌道の最適軌道傾斜角について／
衛星質量と軌道との関係

10.6　宇宙探査機の軌道　*206*

コラム：宇宙の眼 6. 無重量（無重力）とは何か？　*209*

付録 A　主要な宇宙ロケット一覧 ———— 213
A-1　日本の宇宙科学衛星打上げロケット　*213*

A-2　日本の実用衛星打上げロケット　*214*

A-3　海外の主要な宇宙ロケット　*216*

付録 B　略語表 ———— 219

参考文献 ———— 221
索　引 ———— 225

1. ロケットの歴史概説

☆ 1.1 花火から近代ロケットの登場まで

「ロケット」とは，ロケット本体の一部の物質を後方に噴射し，その反作用としての推進力を得て前方に進む飛行体の総称である．同時に，推進システムであるロケットエンジンを指すことも多い．ロケットはその推進力を作り出すすべてのエネルギー源を自身でもっているので，大気中，宇宙空間（真空中）を問わず飛行することができる．以下，宇宙ロケット入門の背景として，ロケット（一般）の歴史をごく簡単に概観したい．

a. 前史

ロケットの正確な起源はわからない．しかし，その歴史が火薬の発明とともに始まったことは事実である．10世紀頃，硝石を主成分とする黒色火薬が中国で発明され，やがて，この火薬を用いた兵器が13世紀頃中国で使われた，といわれている．火矢または「火箭」（かせん）と呼ばれるもので，これが科学的な意味でロケットの原理により飛行するものであったのか，あるいは敵を威嚇するため，単に矢先に火薬をつけただけのものであったのかについては諸説あり，定説はない．火薬の技術はやがて宋から元，インド，アラビア諸国を経てヨーロッパに伝わり，その間，しだいに花火や兵器に用いられるようになった．

14世紀から17世紀にかけて，イタリアでは花火が盛んに打ち上げられ，その技術が格段に進歩したという．当時の花火の形状が糸巻き棒（イタリア語でrocca：ロッカ）に似ていたことから（縮小形の）rocchettaがロケット（英語名rocket）の語源になったといわれている．その頃，ヨーロッパの多くの国の軍隊がロケット兵器を用いたが，精度が悪く花火の域を出ないものであったという．

19世紀の初め，イギリスのコングレーブ（Sir William Congreve, 1772-1828）が固体ロケットに安定棒をつけた兵器を開発した．このロケットはおよそ 3,000 m 近く飛ぶことが可能で，イギリス軍はこれを使用して一定の戦果をあげたといわれる．1814 年，米英戦争においてイギリス軍の艦隊がアメリカ東海岸の都市ボルティモアの要塞を攻撃したとき，コングレーブのロケット兵器が多数使われた．このときの様子を間近で目撃したアメリカの若き弁護士の書いた詩が現在のアメリカ国歌になっており，その中の一節に「ロケットの赤い炎」という言葉がある．その後，イギリスのヘール（William Hale, 1797-1870）はロケット本体を（機体軸回りに）回転させる"スピン安定ロケット"を考案した．しかし，当時，銃砲の発達が著しかったのに対して，命中精度の劣るロケットは兵器としてあまり役に立たなかったようである．

このように，火薬の発明から始まったロケットは，科学的な可能性を追求する方向ではなく，もっぱら兵器として利用する方向に進んできたことがわかる．

b. 近代ロケットの黎明

19 世紀末から 20 世紀初めにかけて，ロケットによる宇宙飛行の可能性を科学的に追究する 3 人の先駆者が現れた（図 1.1）．

コンスタンチン・ツィオルコフスキー（Konstantin E. Tsiolkovsky, 1857-1935, ロシア）は，頑固で耳の不自由な（数学と物理の）高校教師であったが，孤独な研究生活を続けながら宇宙旅行のための液体ロケットを提唱した．また，質量比，多段式ロケットの理論など，ロケット工学の理論的基礎を築いた．旧ソ

  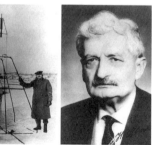

ツィオルコフスキー（ロシア）　　ゴダード（アメリカ，中央2図）　　オーベルト（ドイツ）

図 1.1　先駆者達

連が人類初の人工衛星「スプートニク1号」を打ち上げた1957年は彼の生誕100年にあたる年であった．

ロバート・ゴダード（Robert H. Goddard, 1882-1945, アメリカ）は，ロケット推進による宇宙旅行の研究を進め，1926年3月，液体酸素とガソリンを用いた液体ロケットの打上げ実験に史上はじめて成功した．このときの記録は飛行時間2.5秒，到達高度12.5mであった．彼が1919年に『超高空に到達する方法』と題する著書[13]を出版したとき，ニューヨークタイムズは，「クラーク大学のロバート・ゴダード教授は，作用・反作用の法則は真空中では成り立たない，という高校で教わるようなことも知らない」と揶揄した（1920年）．1969年7月，アポロ宇宙船が人類初の月着陸に向かって飛行していたとき，同紙は「ニュートンの発見は正しかった．ロケットは真空中でも機能することが証明された」という趣旨の訂正記事を載せた．

ヘルマン・オーベルト（Hermann J. Oberth, 1894-1989, ドイツ，ただしルーマニア生まれ）は，少年時代から宇宙旅行に熱中し，数奇な運命をたどりながら，生涯，宇宙への夢を追い求めた．1923年，『惑星空間へのロケット』を著し，宇宙飛行の基礎理論を確立するとともに宇宙旅行が技術的に可能であることを示した．この著書は専門家には不評であったが，驚くほど売行きがよかった．その上，彼の影響により1927年，ドイツで「宇宙旅行協会」が設立され，若者の間に一大ブームを巻き起こした．これは，第1次世界大戦に敗北してナチスが出現するまでの政情不安定な時代，ドイツにだけ見られた特異な現象であった．

以上，3人の先駆者は，ロケットによる宇宙航行の可能性という新しい発想を提示した点で天才と呼ぶに相応しい科学者であった．しかし一方で，大きなスポンサー（政府）を動かして組織的に宇宙開発に乗り出す，という構想を最後までもちえなかった．その意味で，夢見る科学者の域を出ることができなかった，といえよう．

c. 近代ロケット第1号—V-2号の登場—

第2次世界大戦の初期，フォン・ブラウン（Wernher von Braun, 1912-1977）が中心になって開発したドイツの報復兵器V-2号ミサイルは全長14m，発射時質量13トンのロケットで，1942年10月，ドイツ北部のペーネミュンデ（ドイツ軍の実験場）から打ち上げられ，予定どおり60kmの高度まで飛行して成功した

図1.2 ペーネミュンデのV-2号ロケット（撮影：村上倫章）

（図1.2）．近代ロケット第1号の誕生である．最高速度マッハ5（音速の5倍），約300 km離れた場所に750 kgの「ペイロード」（注1.1, p.19参照；この場合は弾薬）を運ぶことのできる本格的なロケットであった．液体ロケットや誘導方式など，V-2号の技術は，当時の技術水準から見て驚異的なものであった．

このロケットは人工衛星を打ち上げる能力はもち合わせていなかった．しかし，これを大型化するとともに（後述するように）多段式構成にする，などの改良により宇宙ロケットに成長する可能性を十分にもつものであった．

第2次世界大戦後，V-2号の技術は米ソ両大国に引き継がれ，その後の大型宇宙ロケット開発への道を拓いた．ペーネミュンデにおいてV-2号の開発に携わったフォン・ブラウン博士と100名を超えるロケット技術陣はアメリカに渡って戦後の宇宙技術開発を支えた．とくにフォン・ブラウンは，常に指導者として，アメリカの最も輝かしい時代の宇宙開発を強力に推進した．彼は3人の先駆者達のような夢みる科学者ではなく，システム工学に長けた実務のリーダーであった．

戦後，旧ソ連，アメリカ，ヨーロッパをはじめ多くの国が宇宙ロケットを開発したが，これらはすべてV-2号ロケットの技術を継承し，進化させたものである．

☆ 1.2 月への先陣争い，そしてその後

a. 人工衛星から月へ

1957年10月4日，ソ連（当時）は世界初の人工衛星「スプートニク1号」を打ち上げ，全世界の国と人々，とくにアメリカに大きなショックを与えた．アメリカは翌年（1958年）1月に「エクスプローラ1号」の打上げに成功したが，このとき，地球の回りをドーナツ状に取り巻く放射線（粒子）の帯（ヴァン・アレン帯，注2.1, p.38参照）を発見した．1958年7月，アメリカは航空宇宙局

(NASA)を新設して宇宙開発のための新体制を整え,以後,米ソ両大国は国威をかけた宇宙開発競争を開始した.

ソ連ははじめ,有人宇宙飛行,宇宙遊泳,無人月軟着陸など,新しい宇宙技術の分野で常にアメリカを一歩リードしていた.一方のアメリカも,膨大な国費をかけて惑星探査機や人工衛星の打上げ計画を強力に推進した.また,マーキュリー,ジェミニ有人宇宙計画に続いて,人間を月に送るためのアポロ計画に着手した.

アポロ計画は,ケネディ大統領(当時)が1961年5月の議会において,アメリカは1960年代のうちに人間を月に送り無事に帰還させる計画に乗り出すべきだ,と国民に呼びかけてスタートしたものである.国家の威信をかけたアポロ計画のために開発されたサターン5型ロケットは,全長111 m,発射時総質量2,900トン,現在までに開発された世界最大のロケットである.この巨大なロケットによりアメリカは,1969年7月20日,人類初の月面着陸に成功した(図1.3).歴史に残る一大イベントであったが,一方,この瞬間,米ソ両大国による宇宙開発競争の時代は一応の終りを告げることになる.その背景には,膨大な国費を宇宙開

サターン5型ロケット

図1.3 アポロ11号による人類初の月面着陸(1969年7月)(出典:NASA)

発に費やすことへのアメリカ国民の批判があった．

以後，生活に直結する実利用と国際協力に重点を置いた宇宙開発が主流になる．1975年に米ソ両国の協力で実現したアポロ-ソユーズ宇宙船のドッキングはその一例である．また，米ソ以外の国々も宇宙開発に乗り出し，通信，放送，気象観測のための実用衛星を次々と打ち上げるようになった．

戦後の早い時期にソ連が宇宙開発の面でアメリカより常に一歩先んじた背景にはいろいろな要因があるが，中でもコロリョフ (Sergei P. Korolev, 1907-1966) に負うところが大きい[7]．戦後いち早くドイツのロケット技術を調査・習得した彼は，スプートニクから宇宙ロケットや有人飛行まで，指導者としてソ連の宇宙開発を強力に進めた．その優れたシステム工学の手腕によりソ連のフォン・ブラウンと呼ばれる．

b. 第2次世界大戦後の時代背景

ロケットの技術がここまで進化したのは，戦時中のドイツから始まって戦後のアメリカおよび旧ソ連の超大国が，軍事ミサイルの実用化に最大の力点を置いて膨大な国費を投資したことによるところが大きい．それは，先駆者達の抱いた純粋な夢とはかけ離れたもので，政治の世界の現実であった．覚めた眼で見れば，少なくとも当時，宇宙開発は個人の夢や努力で実現できるものではなく，その実現のためには莫大な資金と多くの科学者・技術者・幅広い技術力・組織を総合的・有機的に組み立てる「システム工学」が欠かせなかった．

図1.4 フォン・ブラウン博士（右）とケネディ，アメリカ大統領（左，当時）（出典：NASA）

フォン・ブラウンは先見性をもった上で現実の政治を味方につけ，システム工学の本領を発揮した科学者であった．日本のある科学者が「システム工学とはフォン・ブラウンのために定義された分野である」と喝破したのはけだし至言であろう[8]．ただし，第2次世界大戦のドイツ敗戦前後に彼のとった行動に対してドイツ国内ではその後も厳しい見方が消えないという（図1.4）．

c. 宇宙活動の多様化とスペースシャトルの登場

アポロ計画に続く一大プロジェクトとして，アメリカは有人の部分再使用型スペースシャトルの開発を始め，1981年4月，初飛行に成功した．スペースシャトルの運航により NASA は，スカイラブ計画（アポロ計画直後のアメリカ有人宇宙ステーション）以来中断していた有人宇宙活動を再開するとともに，地上と宇宙空間を頻繁に往復して（飛行士と物資の）宇宙輸送コストの飛躍的な低減を図る予定であった．いわば革命的な宇宙輸送手段である．そうなるはずであった（図1.5）．

その後，1986年1月，チャレンジャー号がケネディ宇宙センターから発射された直後，両脇に抱える固体ロケット2基のうちの1基（のセグメント間接続部）から火炎が外に噴出するという事故に見舞われ，これが引金となってシャトル全機体が空中分解するに至った．25回目のフライトであった．このとき，日系2世のオニヅカ飛行士を含めて搭乗員7名全員が犠牲になった．

さらに2003年2月，コロンビア号が打上げ直後の上昇飛行中に受けたオービター機体の損傷（と後に推定された不具合）のため，宇宙空間からの帰途，大気圏再突入時に空中分解して7名の搭乗員全員が犠牲になった．事故で失われた2機を含めて全部で5機の機体により合計135回の飛行を行い，国際宇宙ステーショ

図 1.5　スペースシャトルと船外活動（出典：NASA）

ンへの飛行士や物資の輸送のほか，様々なミッションを遂行した後，2011年7月に退役した．

約30年間にわたるスペースシャトルの運用実績から明確に認識されたことがある．大気圏再突入時の空力加熱環境がきわめて厳しいため，「再使用型有人宇宙輸送機」の運用コストは当初の予測に反して非常に大きくなる，ということである．スペースシャトルは技術的には「部分再使用型有人宇宙輸送機」として成功したが，低コストの宇宙輸送機としての運用では大きな問題を残した．極言すれば失敗であった．この経験を踏まえて，将来の再使用型宇宙輸送機としては，有人用と無人用に別々のシステムを用いるべきである，というのが多くの専門家の一致した見方である．NASAをはじめ先進国の宇宙機関もその方向で近未来の有人宇宙輸送システムを構想している模様である．

☆ 1.3 各国の宇宙活動

a. ロシアのロケットと有人宇宙活動

ロシア（旧ソ連）は，宇宙開発の初期から常に有人宇宙活動に積極的に取り組んできた．ユーリ・ガガーリン（Yury A. Gagarin, 1934-1968）による人類初の宇宙飛行（1961）に始まり，1986年から2001年までの間，有人宇宙ステーション「ミール」を地球周回軌道に打ち上げて運用し，科学観測・材料実験・生命科学実験を行った．宇宙飛行士はソユーズ・ロケットによって打ち上げられ，カプセルとパラシュートにより帰還した（図1.6）．アメリカ主導の国際宇宙ステーション（International Space Station：ISS）にロシアも参加することが決まった後の2001年，ミールは大気圏に再突入して消滅し，ロシア版宇宙ステーション計画は終了した．なお，ソユーズ・ロケットは現在，ISS参加国の飛行士の（往復）輸送に用いられている．

この「ミール」では多くの微小重力実験が行われたが，後に，当時の責任者が打ち明けた話によれば，材料実験では当初考えていたような成果は出なかったという．一方，生命科学の分野は奥が深く，探求すべき課題が多いという見解であった．

輸送系の分野では，旧ソ連はサターン5型ロケットに匹敵する超大型ロケット「エネルギア」とソ連版スペースシャトルを開発したが，時あたかも，ソ連邦の終

図 1.6 ソユーズ・ロケット(ロシア)と搭乗員の帰還(出典:FSA)

焉に近い時期にあたり,実用に供されることはなかった.一方,旧ソ連はこの間,大型液体ロケットエンジンの開発を着実に進めており,(発射直後に強力な推進力を必要とする)第1段液体ロケットエンジンの傑作を生み出した.冷戦状態が終わった後,旧ソ連の優れた液体ロケット技術の実態が西側にも明らかになった.

b. ヨーロッパ宇宙機関(ESA)の活躍

ヨーロッパにおいては1975年,フランス,ドイツ,イギリス,イタリアなど当初10か国(現在は17か国)でESAを設立して,西ヨーロッパ独自の宇宙開発を開始した.そして,1979年には「アリアン1型ロケット」のフライトに成功した.NASAとの協力計画では,スペースシャトル搭載のための実験室「スペースラブ(Spacelab)」を開発し,また,現在は国際宇宙ステーションにも参加している.その他,現在まで,太陽,金星,土星,太陽系外探査など,多彩な宇宙探査活動を行ってきた.

一方,実用面でESAは,傑作機「アリアン4型ロケット」を開発した.このロケットを,ヨーロッパの企業・政府機関の共同出資によって設立した(フランスの)アリアンスペース社が商業打上げ事業として運用し,長年にわたって世界

アリアン4型ロケット　　　アリアン5型ロケット

図 1.7　アリアン・ロケット（出典：アリアンスペース社）

の民間実用衛星の大半を受注して南米フランス領ギアナの宇宙センターから打ち上げてきた．アリアン4型ロケットは1988年から2003年までの間，116回打ち上げて113回成功するという優れた実績を残した．後継機の「アリアン5型ロケット」は日本の H-2A ロケットより大型であるが，これも ESA が開発した後にアリアンスペース社がその運用を引き受け，大型商業衛星の打上げ事業に活躍している（図 1.7）．

c.　中国の台頭

中国は1970年，長征ロケット（Long March）1型により初の人工衛星を打ち上げ，日本に次いで世界で5番目の自力衛星打上げ国となった．その後の宇宙開発の進展には目覚しいものがあり，現在までに長征2型および3型ロケットにより科学衛星，通信衛星，地球観測衛星などを打ち上げてきた（図 1.8）．2003年10月には，長征2型ロケットにより，有人宇宙船「神舟5号」を打ち上げ，ロシア，アメリカに次いで史上3番目の（独自の）有人宇宙飛行に成功した．2016年10月には6回目の有人宇宙船の打上げに成功し，さらに，軌道上の実験室に2名の宇宙飛行士を送りこんで長期の宇宙実験を行った．また，中国は近い将来，宇宙飛行士を月面に送る計画を進めている．

中国のロケットはロシアの技術を出発点にしたものと考えられ，第1段の液体

図1.8 中国の長征2型ロケット（出典：CNSA）

図1.9 インドの静止衛星打上げ用 GSLV ロケット（出典：ISRO）

ロケットは猛毒のヒドラジン系推進薬を用いているが，それ故の大事故も経験している（コラム2．怖いロケット燃料の話（p.82）参照）．また，有人飛行で用いている帰還用カプセルは，ロシア方式をベースにして独自の改良を加えたものと推定される．

その他，インド，イスラエル，イラン，ブラジルなども宇宙開発に乗り出しており，インドは1980年，初の人工衛星を打ち上げ（図1.9），また，2013年11月には火星探査機を打ち上げた．イスラエルは1988年に衛星を打ち上げている．韓国はロシアの技術援助を受けて宇宙ロケットを開発し，2009年と2010年の打上げ失敗を経験した後，2013年，3回目に小型科学観測衛星の打上げに成功した．

d. わが国のロケット開発
(1)「宇宙科学」と「実利用」の二元体制

日本は第2次世界大戦で敗北した後の数年間，航空技術の研究を禁止されていたため，欧米と旧ソ連を中心にして急速に進んだ宇宙技術開発では決定的に遅れることとなった．独立を回復した後，東京大学生産技術研究所（当時）は糸川英夫教授の指導によりきわめて小型の固体ロケットの飛翔実験を行って宇宙科学分野の研究開発を開始した（1955年）．このペンシル・ロケットはカッパ（K），ラムダ（L）の観測ロケットに成長し，やがて1970年2月，L-4Sロケットによっ

1. ロケットの歴史概説

ペンシル・ロケット

M-3S2 ロケット

M-5 ロケット

図 1.10　日本の宇宙科学用ロケット―ペンシル・ロケットから科学衛星打上げロケットまで―
（出典：JAXA）

図 1.11　糸川英夫・東京大学生産技術研究所教授（当時）
（出典：JAXA）

て（無誘導ではあったが）日本初の人工衛星「おおすみ」が誕生した．日本は旧ソ連，アメリカ，フランスに次ぐ世界で 4 番目の人工衛星打上げ国となった（図 1.10，1.11）．

その後，文部省宇宙科学研究所（ISAS）は科学分野の宇宙開発を引き継ぎ，観測ロケットからミュー（M）ロケットに至るまで一貫して固体ロケットを自主技術によって開発した．とくに，M-3S2（3 段式固体）ロケットによりハレー彗星観測のための「すいせい」など，多くの科学衛星を打ち上げ，さらに M-5 ロケットを開発して大型の宇宙探査機や太陽観測衛星などの科学衛星を打ち上げてきた．2003 年に打ち上げた「はやぶさ」は小惑星「イトカワ」に到達してその微細な砂を採取した後，2010 年に地球に帰還した．

一方，実利用分野においては，（日米政府間の合意に基づき）アメリカからの技術導入によって近代ロケットおよび静止衛星（注 1.2，p.19 参照）を開発し，しだ

1.3 各国の宇宙活動

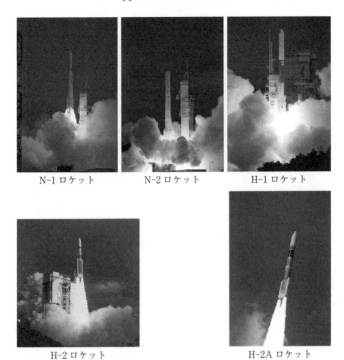

図 1.12 日本の実用ロケット―わが国初の実用ロケットから国産大型ロケットまで―（出典：JAXA）

いに国産技術を育成して大型実用ロケットおよび大型実用衛星の開発・運用技術を確立するに至った．

1969年に設立された宇宙開発事業団（NASDA）は当時のユーザからの「静止実用衛星」の早期打上げ要求に応えるため，1970年，自主開発から技術導入への（政府の）方針変更に基づいて，アメリカのデルタ・ロケットの技術をベースに本格的な近代ロケットの開発に着手した．N-1，N-2，H-1 の3世代のロケットは3段式ロケットで，それぞれ約130 kg，350 kg，550 kg の静止衛星（静止軌道上の初期質量）を打ち上げる能力をもっていた．1975年の初号機打上げからほぼ20年間にわたり，合計24機を打ち上げ，ほぼ完璧な打上

図 1.13 島 秀雄・初代宇宙開発事業団理事長（引用 [12]，出典：JAXA）

げ実績を残した（図 1.12, 1.13）．

　日本の宇宙開発は歴史的な経緯により，最近まで「宇宙科学」と「実利用」の二元体制で進められてきた．したがって，ロケットの技術開発も開発手法もそれぞれ異なる道を歩んできた．両分野における日本の宇宙ロケットの概略仕様と達成したミッションの概要については付録 A を参照していただきたい．二元体制について，従来，国内では否定的な見方が強かったが，欧米の宇宙開発関係者からは高く評価されていた．2003 年 10 月，組織改正により，この両分野の宇宙開発が宇宙航空研究開発機構（JAXA）によって一元的に実施されることになり，現在に至っている．

(2) 宇宙技術の近代化と技術導入

　日本の実用宇宙開発が，その黎明期に技術導入へ踏み切ったことに対しては，厳しい見方・批判があったが，一方で相応の必然性があったのも事実である．この方針変更は島 秀雄 NASDA 初代理事長など，当時の宇宙開発指導者達のリーダーシップによって進められたものである．その背景には，当時のわが国の宇宙技術レベルが先進国に比べて著しく低く，自主開発に固執する限り早期に静止衛星を打ち上げることができない，という冷静な判断があった．事実，当時のわが国は，近代ロケットの要である「液体ロケット」と「誘導」の技術をもっていなかった．一方のアメリカはその頃既に，アポロ計画により人類初の月面着陸（1969 年 7 月）に成功していた．

　この一連の技術導入ベースのロケットにより旧 NASDA は，通信・放送・気象観測のための静止実用衛星や地球観測衛星を予定どおりに打ち上げて国内ユーザの要求に応えるとともに，この間の技術蓄積により宇宙ロケットの開発・運用に関わる技術を習得し，全段国産の H-2 ロケット開発への足がかりを築いた，といえる．

　日本近現代史の観点から見るとき，技術導入→導入技術の消化・改良→国産技術の確立という日本近代化の過程をそのまま繰り返すことによって，宇宙技術の分野においても日本は，先進国と対等に協力・競争できるレベルに到達したのである（技術導入の評価については［40］を参照していただきたい）．

(3) 大型国産化と実施機関の統合

　旧 NASDA が技術導入から脱皮して大型ロケットと大型衛星の国産開発に進んだのは空前の高度成長時代で，欧米から"Japan as Number One"などとおだて

られていたときにあたる．打上げ能力の大幅な向上と（身の丈を超えた）難易度のきわめて高い液体酸素／液体水素エンジンを目指したため，H-2 ロケットの開発は難航し，技術者 1 名が犠牲になった．また，打上げ・運用段階に入ってもトラブルは続き，国産大型宇宙プロジェクト H-2 計画は苦難の道を歩むこととなった．

　H-2A ロケットは，H-2 ロケットで得た教訓をその設計・開発に反映した結果，現在まで良好な実績を積み上げてきた．H-2B ロケットは国際宇宙ステーション（ISS）への補給機運搬のため，H-2A ロケットの大型化を図ったものであり，打上げコストが高いという難点を除けば，今後の運用に大きな問題はないと考えられる．

　その後 JAXA は，実用衛星の打上げに加えて，宇宙科学の分野では，月周回観測衛星「かぐや」(2007 年)，金星探査機「あかつき」(2010-2015 年) など，H-2A ロケットよる宇宙探査機の打上げを継続してきた．また，2013 年，JAXA は全段固体のイプシロン・ロケットの試験飛行（初号機）の打上げに成功した．この小型宇宙ロケットは将来，科学衛星だけでなく商業衛星を含めた（内外の）小型衛星を打ち上げることになろう．

　現在，宇宙ロケットの開発・運用技術は成熟段階に入ったと見てよい．既に開発の完了した H-2A ロケットの運用の一部（機体製造と打上げサービス）は民間企業に移転されている．今後の課題は，欧米の例に見られるように，「民間出資」による宇宙ロケットの開発・運用を促進することであろう．

☆ 1.4　宇宙ロケットの近未来—再使用ロケットの可能性—

　現在の宇宙ロケットはすべて「使い捨てロケット」である．それに対して，飛行機のように機体を繰り返し使用するタイプの「完全再使用型ロケット」はまだ実現していない．2011 年に退役したスペースシャトルは部分再使用型ロケットであった．

　第 2 章以下で説明するように，ロケットは上昇飛行中に役割の終わった機体部分を次々に分離・投棄し，地球周回軌道にはロケットの最終段と衛星だけが投入される．このため，使い捨て（または使い切り）ロケットと呼ばれる．なぜこれほど多くの機体部分を捨てなければならないのか．それは，地球の重力が非常に

大きく,衛星等が宇宙空間で自立飛行するのに必要な軌道速度がきわめて高速になるためである.

こうして,大型宇宙ロケットは1機打ち上げるたびに捨ててしまうので,(開発費は別にしても)運用コストが非常に高くなる.ロケットの運用コストを下げるため,「単段式再使用型宇宙輸送機」(Single-Stage-To-Orbit：SSTO)と親機が子機を背負うピギーバック形式の「2段式再使用型宇宙輸送機」(Two-Stage-To-Orbit：TSTO)の研究が,宇宙開発初期の頃から行われてきた.これは,打ち上げたロケットをすべて回収し,同一機体を繰り返し使用するという「完全再使用」を狙ったロケットである.しかし,双方とも技術上の壁が厚く,実現にはほど遠いといわざるをえない(図1.14).

詳細は省くが,空の状態の機体だけを低高度の地球周回軌道に打ち上げることは,現在の技術でも可能である.しかし,衛星や探査機など,有用なペイロードを宇宙空間に運ぶことのできないロケットは輸送システムとして失格であることはいうまでもない.

今から20年ほど前NASAは,スペースシャトルの後継機を目指して,民間企

航空機タイプ

垂直離着陸タイプ

Lifting-Bodyタイプ

図1.14 SSTO候補案のイメージ(1995〜1996年当時)(出典：NASA)

業との共同出資により，SSTO のための実験機 X-33 の開発を開始した．しかし，技術と資金の問題（推定理由）により，2001 年，試験飛行予定の約 1 年前，中止に追い込まれた．TSTO については，まだ実質的な研究開発は行われていない．

完全再使用型ロケットはこのように，画期的な技術革新が実現しない限り，近い将来の実現は難しい．近未来の効率的な宇宙輸送機は，スペースシャトルの教訓を踏まえて，部分再使用型ロケットとならざるをえないであろう．現在只今，ロケット機体の一部回収・再使用の実験をある（外国の）民間企業が繰り返し行っており，多くの関係者がその成功を期待しているのが実状である．

第 1 章で参考にした主な文献：[5]，[6]，[7]，[8]，[9]，[13]，[40]，[48]

1. 宇宙空間はどこから始まるのか？

[宇宙空間とは？]

地球を取り巻く大気圏の先に広がる広大な空間を「宇宙空間（Outer Space）」と呼ぶ．それでは，その宇宙空間はどこから始まるのであろうか？ 結論から先にいえば，この問題は未だに国際間で決着がついていない．

各国の領土・領海の上に広がる空は「領空」であり，そこには自国の主権が国際的に認められている．しかし，その領空の上限（高度）は決められていない．

旧ソ連によるスプートニクの打上げ（1957 年 10 月）が契機となり，国連は 1967 年，宇宙活動に関する国家間の基本原則を定めた宇宙条約を制定した．ところが，この宇宙条約は，宇宙空間の定義を示していない．

「宇宙空間はどこから始まるのか」という問題については，宇宙条約の制定前から多くの専門家・学会・専門組織などが科学的および法律的な側面から様々なアイディアを提示してきた．その際の基本的な考え方は，科学的に一定の根拠がある上，国家間の紛争が起きない範囲で宇宙空間の始まる高度を決めたい，という点で共通している．これまでに提案された主なアイディアを示すと以下のようになる[65]．

1) 気象学者のグループは，気象現象が現れる上限の高度 80 ～ 85 km 以上を宇宙空間とすることを主張した．
2) 国際民間航空機関（International Civil Aviation Organization：ICAO）は，航空機の飛行できる最高高度をクリアする高度にすべき，という原則論を主張した．
3) 国際法の専門家を含めて，宇宙活動の立場から多くの提案が提示された．その代

表的なものは，地球周回楕円軌道の「近地点高度」（第10章参照）として成立しうる最低高度として 130 〜 160 km 以上を宇宙空間とするものである．
4) 国連において議論され，多くの国が自国の考え方を示してきた．代表的な提案は，旧ソ連（現ロシア）の主張する高度 100 km 案である．ベルギーをはじめヨーロッパのいくつかの国は，この案に同調するか，あるいは若干の含みをもたせて高度 80 〜 110 km 以上を宇宙空間として提唱した．
5) アメリカ（NASA）は，乗り物は何であれ，高度 80 km を超えて飛行した人を宇宙飛行士（Astronaut）として認定してきた．一方，技術的な観点から，スペースシャトルの大気圏再突入高度を約 120 km に設定していた．
6) 1950年代後半，高名な航空宇宙科学者フォン・カルマン博士（Theodore von Kármán, 1881-1963）は，衛星が（真空中で）地球の周囲を回り続けることのできる「軌道速度」（第10章参照）に対して，（空気の薄い高空を）航空機が飛行できる速度がそれに追いついたときの高度を求め（空気が薄くなると，飛行速度を上げないと機体を支える揚力が小さくなる），その高度以上を宇宙空間とするアイディアを提示した．具体的な計算過程は不明であるが，博士の当初の計算結果は高度 85 km 前後となったようである．それを切りのよい 100 km に丸めた上，航空宇宙の関連国際学会に提案した．国際宇宙航行連盟（International Astronautical Federatrion：IAF）では多くの会員が興味を示さなかったが，国際航空連盟（Fédération Aéronautique Internationale：FAI）はこれを受け入れて活用している．

［フォン・カルマン線の現状］

高度 100 km のフォン・カルマン線は，国際航空連盟が連盟の目的に限って用いている宇宙空間の始まりである[67]．現在，国連または多国間の条約によって国際的に合意された高度は存在しない．最近，宇宙の商業活動に関連して，しばしば，「高度 100 km が宇宙空間の始まりである」と内外の多くのマスコミや関係機関が，国際的に合意された事実のように報じているのは間違いである．少なくとも，誤解を招く．

この問題については，国連の「宇宙空間平和利用委員会・法律小委員会」において討議が行われ，それは現在も続いているようであるが，参加国の合意は得られていない．そのような高度を決める必要がない，その意義が認められない，とする国が多いようである．

単純に考えれば，高度 100 km のフォン・カルマン線は魅力的ではある．しかし，この高度では定常的な宇宙活動ができない．高度 100 km において所定の（真空中の）軌道速度で送り出された飛行物体は地球を1周回もしないうちに（希薄な空気の影響で）大気圏内で消滅してしまい，人工衛星は実現しない．

宇宙技術の観点から判断すれば，高度 200 km 前後が宇宙空間の入口である，と筆

者は考えている．なぜなら，この高度の円軌道を運行する人工衛星は，そのままでもおよそ1週間弱の間は地球を周回する．また，さらに高度の高い軌道に衛星を打上げるとき，高度200 km前後の軌道は，その「パーキング軌道」（第10章参照）として頻繁に利用されている．

宇宙条約が当事国の宇宙活動を律する原則を決めながら，その活動領域である宇宙空間を明確に定義していないのは一見矛盾している．しかし，航空と宇宙の活動領域は将来の技術の進歩とともに変化する余地が残っている上，この定義自体，宇宙の平和利用の問題とも複雑に絡んでいる．「領有を禁止した宇宙空間」と「国家主権の及ぶ領空」との境界を，全世界の国と万人が納得するように1本の線（実際は1つの球面）で決めることは不可能に近い．

宇宙空間はどこから始まるのか，という問題は「宇宙法」における最大の難問であり，永遠の課題である．

【注】

注1.1　**ペイロード**（Payload）：もともと航空機の用語で有償荷重のこと．有償で積載される積荷（乗客と貨物）を指す．宇宙ロケットの場合，特定の衛星軌道に運搬することのできる衛星・探査機・飛行士などを総称してペイロードと呼ぶ．宇宙ロケットの打上げ能力は，具体的な軌道に運搬できるペイロード質量で示す．したがって，ペイロード質量は同一のロケットでも投入する軌道ごとに異なる．

注1.2　**静止衛星**（Geosynchronous Satellite）：高度約36,000 kmの「赤道上空の円軌道」の衛星は地球の自転と同じ角速度で周回する（同期する）ため，地上からは静止して見える．そのため，静止衛星と呼ぶが，実際は3.08 km/sの「慣性速度」で地球を周回飛行している（慣性速度については第10章を参照のこと）．実用上最も重要な軌道で，通信・放送・気象観測等のための実用衛星の大半は静止衛星である．

2. 宇宙ロケットの誕生

☆ 2.1 ロケットとは何か

a. ロケット飛翔体とロケットエンジン

　ロケットとは，一般に，ロケット推進システムの作動によって得られる反作用力を利用して飛ぶ飛翔体を指すが，推進システムとしてのロケットエンジンそのものを指すことも多い．

　ロケットは，20世紀に入って液体ロケットが考案された後，近代ロケットとして進化のスピードを速めた．その要因は，「推進システム技術」と「誘導制御技術」がエレクトロニクスの進歩と相まって飛躍的に向上したことにある．

　現在，飛翔体としてのロケットは，超高層大気や宇宙空間に人や物資を運ぶ輸送手段として科学観測や実利用などの目的のために広く用いられている．また，推進システムとしてのロケットには，大型の液体ロケットや固体ロケットのほか，宇宙ロケットの姿勢制御，人工衛星・宇宙探査機の軌道修正などのために用いられる超小型のロケットエンジンがある．

　ロケットはそのエネルギー源の種類により「化学ロケット」と「非化学ロケット」に大別される．化学ロケットは推進力を生み出すエネルギー源として酸化剤と燃料を用いるもので，その燃焼（化学反応）によって推進力を得る．酸化剤と燃料を合わせて「推進薬」または「推進剤」と呼び，液体の推進薬を用いるロケットを液体ロケット，固体の推進薬を用いるロケットを固体ロケットと呼ぶ．一般にロケット燃料と呼ばれるものは推進薬を意味する．

　人工衛星・宇宙探査機・観測機器など，ロケットに搭載する一定質量の物体を総称して「ペイロード」と呼ぶが，このペイロードを地上から超高層大気または宇宙空間に運搬することのできるロケットは化学ロケットだけである．

化学ロケットの1つにハイブリッドロケットがある．液体酸素などの液体酸化剤と固体燃料を用いるもので，安全性に優れ，一部実用に供せられた例もあるが，課題も多く，まだ本格的な実用段階に達していない．

これまでに実用化された唯一の非化学ロケットは電気推進系の1つであるイオンロケット（イオンエンジン）で，衛星や探査機の軌道修正や姿勢制御のために用いられる．しかし，推進力がきわめて小さいため，地上から宇宙空間への輸送用ロケットに用いることはできない．

b. ロケットの推進原理

自動車，電車，船，飛行機など，我々の身近な乗り物と同様に，ロケットは前進するための力を生み出す推進システムを必要とする．ロケットは，自身のもつ推進薬を高速で後方に噴射することにより，その反作用としての推進力を得る．その推進原理は，ニュートンの運動の第3法則「作用・反作用の法則」に基づくもので，高校の物理の教科書によれば次のように表現できる．

「物体Aが物体Bに力を及ぼすとき（作用），物体Bも必ず同時に物体Aに力を及ぼす（反作用）．作用と反作用は，その大きさが等しく，同一線上にあり，その方向は反対である．」

図2.1を参考にすると，車輪のついた台車の上に乗った人が，手を伸ばして壁を押すと（作用），この人は壁から反対方向の力（反作用）を受け，結果として台車は手で押した方向と反対方向に進む．高圧の気体を密封した風船の一端（右側）に穴を開けると，中の気体がその穴から放出され，その反作用で風船は反対方向（左側）に飛んでいく．その他，鉄砲を撃った人は弾の飛び出す方向と反対方向に押し返される．これらは作用・反作用の実例である．

作用・反作用の法則は「直接力の作用を受ける2つの物体間で成り立つ」ものであり，ロケットの場合，周囲の空気の有無に関係なく，ロケット機体と（機体から飛び出す）噴出ガスとの間で成り立つ．したがって，ロケットは真空の宇宙空間を飛行することができるのであり，空気の存在はロケットの推進に役立たないだけでなく，これを阻害する要因となる．

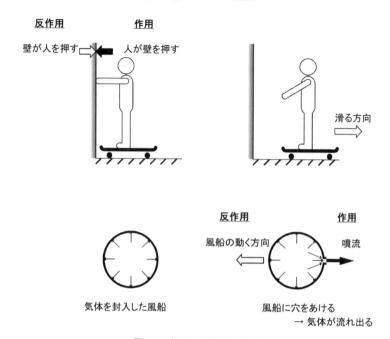

図 2.1 作用・反作用の法則

c. 化学ロケットの種類と用途
(1) 推進システムとしてのロケット

① 軌道修正・姿勢制御用の小型ロケットエンジン　地球を周回飛行する衛星は，軌道上でたえず微小な外力（摂動力；第10章参照）の影響を受けるため，時間の経過とともに所定の軌道からずれていき，また，その姿勢も変動する．このため，ガスジェット（Gas-jet）あるいはスラスタ（Thruster）と呼ばれる，ヒドラジンを燃料とする小型の1液式化学ロケットを用いて軌道と姿勢の修正を行う．最近はイオンエンジン（後述）を用いるケースが多くなってきた．

② 軌道変更用のロケットエンジン　人工衛星や宇宙探査機が1つの軌道から別の軌道に移るとき，内部に搭載した小型のロケットを噴射して推力を得ることが多い．姿勢制御用のスラスタより大きな推力が必要であるため，宇宙開発初期の頃は固体ロケットが多用されたが，現在は液体ロケットエンジンが用いられる．長い時間をかけて軌道を変更することが許される場合には，非化学ロケットのイオンエンジンが最適である．ただし，地球の周辺には「ヴァン・アレン帯」（図

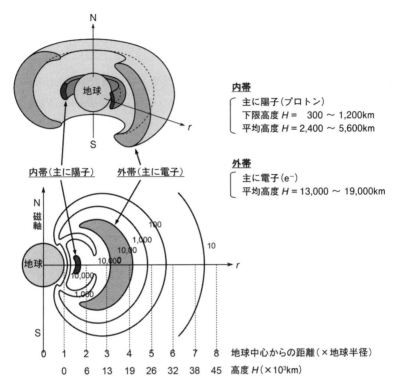

図 2.2 ヴァン・アレン帯（下図は [37 = 35 図] より引用．曲線は放射能強度の等値線；帯電粒子カウント数/秒）

2.2，注 2.1，p.38 参照）があるので注意する必要がある．

　低高度の地球周回軌道から高々度の静止軌道に衛星を運搬するとき，現在は液体ロケットを用いて軌道変更するのに対して，エンジン性能（比推力；第 3 章参照）の高いイオンエンジンを使用すれば，輸送効率は向上するはずである．しかし，イオンエンジンは，推力がきわめて低いため，ヴァン・アレン帯を通過するのに長時間を要する．結局，太陽電池や観測機器などの劣化が急速に進み，衛星寿命は相当程度短くなる．

(2) 飛翔体としてのロケット

③ 観測ロケット　　科学観測や科学実験のため，比較的小型のロケット飛翔体が用いられる．固体ロケットを用いることが多い．地上から高層大気へ観測機器を打ち上げ，飛行する間に測定したデータを地上に送ることを主な任務とする．搭

載した機器を地上や海上で回収することもある．3枚ないし4枚の安定板（尾翼）をもち，空気中を小さな「迎え角」（注 2.2, p.38 参照）で安定して飛行するので，空力安定型ロケットと呼ばれる．

④ 宇宙ロケット　　宇宙空間に飛行士や物資を運ぶ宇宙輸送手段としてのロケットを「衛星打上げロケット」または「宇宙ロケット（Space Launch Vehicle）」と呼ぶ．現役の宇宙ロケットはすべて使い捨て型（使い切り型）である．NASA が開発したスペースシャトルは部分再使用型ロケットで，1981 年から 30 年間にわたり有人宇宙活動を支えた．本書では次章以下，宇宙輸送手段としての宇宙ロケットに的を絞って考察する．

d.　非化学ロケットの現状

① イオンロケット（イオンエンジン）　　電気推進ロケットの1つ．代表的なイオンエンジンの推進原理を図 2.3 に示す．推進剤から荷電粒子（陽イオン）を発生させ，これを静電場で加速して高速粒子として放出するが，エンジン出口において中和器により陽イオン粒子数とほぼ同じ数の電子を混和させることにより，全体として中性の高速粒子を排出する．初期の頃，ヘリウム，セシウム，水銀などの推進剤が用いられたが，現在はもっぱら不活性ガスのキセノン（Xe）が用いられる．

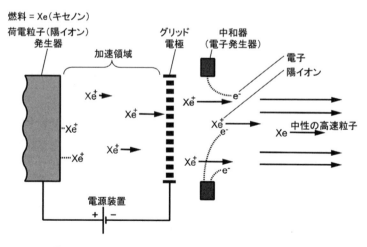

図 2.3　イオンエンジンの概念図（参考 [17 = Fig. 9.17]）

図 2.4 小惑星探査機「はやぶさ」のイオンエンジン（出典：JAXA）

　得られる推進力がきわめて小さいため，地表からの宇宙輸送用ロケットに用いることはできないが，衛星の姿勢制御や宇宙探査機の軌道修正に用いられる．エンジンの性能が非常に高い上，化学ロケットエンジンに比べて作動時間がきわめて長い．この利点を生かして衛星等の長寿命化が可能になった．今後，宇宙開発にイオンエンジンを用いる機会は一層増えるものと予想される．2010 年に地球に帰還した JAXA の小惑星探査機「はやぶさ」が軌道変更用に用いたイオンエンジンの外観を図 2.4 に示す．

② 原子力ロケットエンジン　　究極の非化学ロケットであるが，現時点では開発に成功した例はない．NASA は 1960 年代，小型原子炉を利用した原子力ロケットの研究開発を行ったが，放射能や材料の問題の壁が厚く実用化に至らなかった．最近，太陽光をエネルギー源として利用できない太陽系外への深宇宙探査のため，軌道変更・軌道修正用の小型原子力ロケットエンジンに対する関心が高まってきており，将来は実用化される可能性が高い．

☆ 2.2　飛行機とロケット

　20 世紀初頭に出現し，過去 1 世紀の間に長足の進歩を遂げた「空の乗り物」である飛行機はどのように空気中を飛ぶことができるのか．その後に現れた「宇宙への乗り物」であるロケットは，同じように空に向かって飛び立つが，飛行機とどのように違うのであろうか．図 2.5 は飛行機とロケットが飛行中に受ける力（外

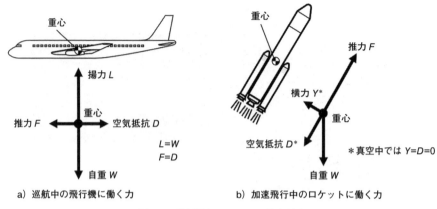

図 2.5　飛行機とロケットに働く外力

力）を示す．

a. 飛行機に作用する力

　ジェット航空機の推進原理はロケットと同じ作用・反作用の法則によるもので，ジェットエンジンから燃焼ガスを後方に噴出し，その反作用によって推進力を得る．ただし，ジェット機は燃料だけを携行し，燃焼に必要な酸化剤（酸素）を空気中から取り込む．このとき，空気の構成成分である（燃えない）窒素ガスも高温になって後方に噴出され，推進力の発生に大きく寄与する．

　飛行機は空気中を飛行しているとき，自らのエンジン推力によって自重を支える必要がない．航空機のエンジンは機体を前進させる力のみを出せばよいので，その推進力は自重より小さくてよい．現在の大型旅客機の推力は離陸時の最大自重の約 1/3 程度である．戦闘機や特殊用途の小型航空機には推進力が自重よりも大きく，垂直上昇飛行のできるものもあるが，これは特殊なケースである．

　輸送機など一般の飛行機は，離陸と着陸の短い時間を除いて（加速も減速もしない）一定の速度，すなわち巡航速度で飛行する．その意味で，飛行機は「巡航機」である．巡航中の揚力（図 2.5）は自重と等しく，また，推進力は空気抵抗と等しい．

　現在，大型旅客機は高度 1 万 m 前後の大気中を飛行する．既に退役したが，イギリスとフランスが共同開発した超音速旅客機「コンコルド」は約 16,000 m の高

度を飛行した．さらに高空になると空気は一層薄くなり，やがて飛行機は揚力も推進力も生み出せないので，飛行することができなくなる．

b. 飛行機を支える揚力

飛行しているときの飛行機の自重を支えているものは空気である．鳥の翼に似た断面形状をもつ主翼が小さな迎え角をもって空気中を前進すると，その回りに大きな渦ができる（図2.6）．この渦に空気の流れ（一様流と呼ぶ）が当たると，流れに直角・上向きに主翼をもち上げる力が発生する．「揚力」と呼ばれる空気力で，この揚力が飛行機の自重を支えているのである．

空気の流れは目に見えないのでわかりにくいが，同じ現象は我々の身の回りで

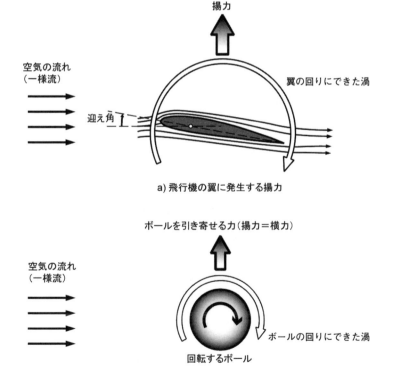

図 2.6 揚力の発生（翼およびボールに固定した座標系で観察した図）

観察することができる．野球の投手がボールに回転を与えて投げると，ボールの回りに渦が発生し，ボールにはその進行方向と直角方向の力（揚力と同じ性質の力）が発生する．これがシュートやスライダーなどの変化球となる．これを「マグヌス効果」と呼ぶ．ボールが進行方向に対してどの方向に曲がるかは，その回転軸方向により決まる．ヨットが風上側に向かって蛇行しながら前進することができるのも，セール（帆）に働く揚力を利用する結果である．

空気や水を総称して流体と呼ぶが，飛行機は流体の振舞いに関する自然の法則を利用して空中を飛行する．もっとも，人類が飛行機を発明したのはたかだか100年ほど前のことで，鳥類は太古の昔から同じ自然の法則を利用して空を自由に飛んでいることになる．

話を簡単にするため，空気が飛行機の重量を支えていると説明した．しかし，飛行機が空中を飛ぶとき，その直下周辺の地表の気圧は上昇する．その気圧の増加分を地表面全体で積分した力は揚力と等しいことが証明できる．結局，飛行機の全重量は空気を介して（海面を含む）地表面が支えていることになる [28 = 第6章]．

c. ロケットに作用する力

宇宙ロケットの推進力は「機体の前進と自重の保持」という2つの役目をもっているため，飛行機に比べてはるかに大きな推進力を必要とする．とくに，発射（リフトオフ）時の推進力はロケットの最大自重よりも大きくなければならない．一方，推進力は大きすぎてもいけない．機体構造，搭載機器，衛星などは過大な力（加速度）の作用を受けると，故障するか破壊する事態を招くことになる．有人飛行の場合は，人間の耐えることのできる加速度に限界があるので，ロケットの最大推進力は一定限度内に制限される．

宇宙ロケットは，地表から出発して大気層を突き抜け，当初の目標軌道に到達するまで加速を続ける．単純な比較をすれば，飛行機が「巡航機」であるのに対して，ロケットは「加速機」である．

☆ 2.3 宇宙空間への足がかり

a. ニュートンの人工衛星

高層大気のさらに上空の宇宙空間はほぼ真空である．その推進原理からわかるように，ロケットは大気中でも真空中でも飛行することができる．そこで，ロケットを地上から上空に向かって垂直に打ち上げてみる．推進薬が燃え尽きて，やがて最高高度に到達すると，ロケットはそのまま地上に落ちてくる．ロケットを大型にして推力を大きくしても，同じことが起きるだけである．それでは，何故，人工衛星は地球の回りを無動力で回り続けることができるのであろうか．

ニュートン (Sir Isaac Newton, 1642-1727) は17世紀の終わり頃,「山や空気に邪魔されない高い位置から物体を"それぞれ一定の速度"で地球表面に対して水平に投げると，この物体は地球の回りを永久に回り続けるであろう」[14 = Chap. 3] と人工衛星の可能性に言及している（図2.7）．

ここで"それぞれ一定の速度"というのは「軌道速度」のことで，地上からの高度に応じて決まる「慣性速度」を意味するが，これは「対地速度」でないことに注意する．慣性速度とは，地球とともに自転しない慣性座標系で観測される物体の速度である．地球に固定された座標系は自転とともに回転するので慣性座標系ではない．慣性座標系，慣性速度など，宇宙工学の基礎概念については，第10章を参照願いたい．

ニュートンによる人工衛星の着想は，宇宙ロケット誕生の予測でもあった．ニュートンの予測から人工衛星第1号・スプー

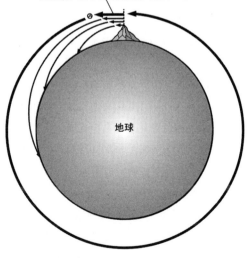

図2.7 ニュートンの考えた人工衛星（参考 [14 = Chap. 3]）

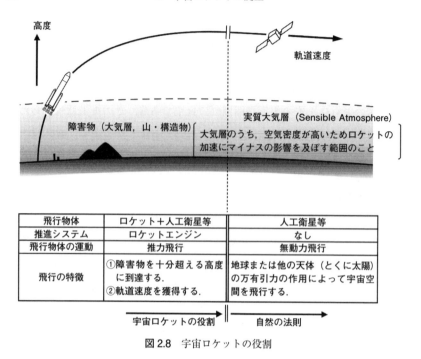

図 2.8　宇宙ロケットの役割

トニクの誕生（1957年）まで，250年以上の歳月を要したのは，衛星の軌道速度があまりにも大きく，そのような高速で運動する衛星を宇宙空間に運搬するロケットを実現するのが至難の業であったためである．

b.　宇宙輸送システムとしてのロケット

ニュートンのいう「山や空気に邪魔されない高い位置」とは，真空の空間，あるいは，実用的な見地からいえば，空気密度の十分に低い空間のことである．ロケットは，①人工衛星や探査機などの有用なペイロードを所定の高度までもち上げ，②ペイロードに所定の軌道速度を与えたとき，はじめて宇宙ロケットになる．ロケットから切り離された衛星は，周囲が真空であるとき，自然の法則である「万有引力の法則」に従って地球の回りを永久に飛行し続けるか，あるいは，地球重力から脱出して惑星間空間を無動力で自立飛行する．図 2.8 に示すように，このとき，「ロケットはペイロードを軌道に投入した」のであり，また，ペイロードは「軌道に乗った」ことになる．

宇宙ロケットの特徴を他の輸送機関と比べてみると，その違いが明確になる（図2.9）．第1に，打上げ直前の機体全備質量に対する推進薬質量の比率が他の輸送機関に比べてずば抜けて高く，85〜90％前後に達する．第2に，推進薬の消費が激しく，短時間に燃え尽きるが，その間にロケットは非常な高速に達する．第3に，飛行機のように同じ機体を繰り返し使うことができない，あるいはきわめて難しい．

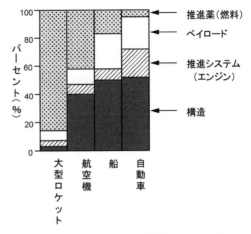

図 2.9 代表的輸送機関の質量構成（引用 [33 = Fig. E1.1.3]）

技術レベルの現状についていえば，半世紀以上にわたる様々な技術革新と多くの失敗の経験を積み重ねてきた結果，現在の宇宙ロケットの技術は成熟した段階に達していると考えてよい．たとえば，機体構造の軽量化技術および化学ロケットエンジンの性能は限界に近い．一方，世界の打上げ事情を見るとき，宇宙ロケットはおよそ30回に1回程度の打上げ失敗を経験しており，信頼性は飛行機に比べて格段に劣る．近未来の宇宙開発の重要な課題は，ロケット，衛星を含めて信頼性の向上にある．

2.4 ミッション要求

通信，地球観測，惑星探査などの宇宙活動のことをミッションと呼ぶが，こうしたミッションを遂行するためには，衛星等のペイロードが各ミッションに適した軌道上を自然の法則に従って長期間飛行し続けることが必須条件となる．宇宙ロケットの役割は，ただ単に一定質量のペイロードを宇宙空間のどこかに放り出せばよいのではなく，各ミッションに適した所定の目標軌道に正確に投入することである．そのため，宇宙ロケットには，ペイロード側から，その大きさ・形状・質量や投入軌道などの条件が要求される．これを「ミッション要求」と呼ぶ．

「人工衛星」は，地球重力の及ぶ範囲内で地球を周回しながら，通信，天文観測，地球観測，科学実験などのミッションを遂行する．一方，「宇宙探査機」は地球重力の影響から脱出して太陽の重力（万有引力）の支配下に入った後，最終目標とする惑星や小惑星などに向かって飛行を続ける．

a. 人工衛星および宇宙探査機の軌道

地球周辺の宇宙空間を飛行する人工衛星および宇宙探査機の軌道は，ニュートンの力学原理によって求められるが，詳細は第10章に譲る．その軌道は地球中心を焦点（の1つ）とする円錐曲線，すなわち円・楕円，放物線，双曲線の3種類の2次曲線（平面曲線）に限られる（円は楕円の特殊なケースである）．その要点は以下に述べるとおりである．

(1) 円・楕円軌道

地球を周回する円・楕円軌道には低高度から高々度まで多くの軌道があり，天文観測・地球観測・通信・測位など，多くの目的のために利用される．均質な球体の地球を考え，周囲が真空であると仮定するとき，高度ゼロの地球表面を永久に回り続ける仮想上の円軌道の慣性速度は 7.91 km/s となる．これを「第1宇宙速度」と呼ぶ．

(2) 放物線軌道

軌道速度を楕円軌道よりもさらに増加すると，軌道の形が楕円から放物線に変わる．均質な球体の地球表面から出発し，かろうじて地球重力から脱出できる仮想上の慣性速度は 11.18 km/s となり，これを「第2宇宙速度」と呼ぶ．この放物

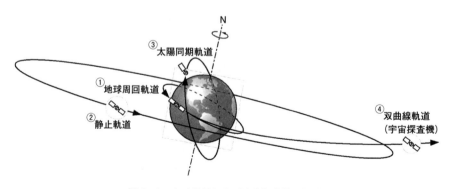

図 2.10　人工衛星および宇宙探査機の軌道

2.4 ミッション要求

表 2.1 人工衛星および宇宙探査機の主要な軌道

形状	図2.10参照	軌道名	軌道の特徴	利用例
円・楕円	①	低高度地球周回軌道 Low Earth Orbit (LEO)	・高度約 200〜500 km, 周期＝約 90 分の順行円軌道 (が多い)	・国際宇宙ステーションは高度約 400 km の円軌道 ・高エネルギー軌道に移行するための暫定的パーキング軌道として多用される.
		中高度 GPS 軌道 (全地球測位システム)	・高度約 20,000 km の順行円軌道 ・周期＝約 12 時間, 軌道傾斜角＝55°	・24 基を基本とするアメリカの軍事衛星群 ・全地球上の移動物体の位置を測定する.
	②	静止軌道 Geosynchronous Earth Orbit (GEO)	・赤道上空 35,786 km の順行円軌道 ・軌道傾斜角＝0° ・地表と相対的に静止している.	・通信と(地球全体の)観測に最適 ・実用衛星の大半が利用する.
		ホーマン遷移軌道 Hohmann Transfer Orbit	・衛星が低高度軌道から高々度軌道に移行するとき, 最もエネルギー効率のよい軌道	・静止衛星を打ち上げるとき利用する. ・赤道上空でパーキング軌道に外接し, 静止軌道に内接する軌道を静止トランスファ軌道(GTO)と呼ぶ.
	③	太陽同期軌道 Sun-Synchronous Orbit (SSO)	・衛星軌道面と太陽光のなす角度が常に一定 ・高度 600〜900 km, 傾斜角 98°〜99° の逆行軌道. ・衛星通過地点の地方時が一定	・地球観測に最も適している. ・ほとんどの地球観測衛星は太陽同期かつ準回帰の円軌道を利用する.
		準回帰軌道 Sub-Recurrent Orbit	・衛星が N 日後に同じ地点(の上空)に戻る軌道	
双曲線	④	宇宙探査のための軌道	・地球影響圏から脱出した後, 太陽重力の影響下で飛行する.	・すべての宇宙探査機が利用する.

注 1) 軌道に関する専門用語については第 10 章参照のこと.
注 2) ホーマン遷移軌道は宇宙探査機も利用する (第 10 章).

線軌道はエネルギー効率が悪いため宇宙探査のためには利用されない．

(3) 双曲線軌道

軌道速度を第2宇宙速度よりもさらに増加すると双曲線軌道となり，この軌道に乗って地球重力から脱出した探査機は（そのままでは）地球に戻ることができない．その後は太陽重力に支配される軌道に乗って惑星空間を飛行する．

上記3種類の2次曲線の中で，宇宙開発で用いられる重要な軌道の概要と特徴を図2.10と表2.1に示したので参考にしていただきたい．

☆ 2.5 宇宙ロケットに要求される機能・性能

a. ロケットの打上げ方位

「地球中心慣性座標系」（第10章参照）で観察するとき，地球は西から東に向かって自転しているので，我々観測者の立っている地表面もその地点の緯度に応じた東向きの慣性速度をもっている．したがって，ロケットを東向きに打ち上げるとき，地球自転による利得により，ロケットの打上げ能力が向上する．このため，宇宙ロケットは地球上のどの地域から打ち上げる場合でも，地球観測衛星を除いて，特別の理由がない限り常に東向きに打ち上げられる．

b. 重力と大気による速度損失

地表から打ち上げられたロケットは，軌道速度の獲得を目指して加速しつつ上昇飛行を続けるが，主として地球重力と大気の存在により加速が阻害される．これを「速度損失」と呼ぶ．とくに，重力による速度損失を「重力損失」と呼ぶ．

ここで，高度約200 kmの低高度円軌道に衛星を打ち上げるとき，宇宙ロケットが実際に獲得すべき速度を概算してみる．この高度での衛星の軌道速度（慣性速度）は約7.8 km/sである．種子島（30.4°N）から真東方向に打ち上げる場合，地球自転による利得（約0.4 km/s）がある．一方，ロケットが地上から衛星軌道まで飛行する間に被る速度損失は，ロケットの仕様，性能，打上げ条件などによって異なるが，大まかな推定によると，およそ2.0 km/s程度になる．利得と損失を合算して，ロケットは，軌道速度（慣性速度）約7.8 km/sに対して，20%程度余分の速度を獲得しなければならない．これは宇宙ロケットにとって大きな負担となる．

2.5 宇宙ロケットに要求される機能・性能

c. 多段式構成

現在の技術で得られる最高の性能をもつ単段式ロケットを作り上げたとして，それは有用なペイロードを宇宙空間に輸送できるであろうか？ 答は否（ノー）である．理由は衛星等のミッション要求速度（軌道速度）があまりにも大きいためである．

もう一工夫必要である．そこで，ロケットを多段式構成にして，下段のエンジンやタンクなど，使用済みの構造体を次々に切り離して分離・投棄することにより，順次，機体質量を軽減して構造性能の向上を図る．これが多段式ロケットである．

空想上の話としては，蝋燭のように，使用済みの機体部分を連続的に捨てることができれば理想のロケットができあがるであろう．これは現実にはありえない話であり，多段式にせざるをえない．一方，むやみに段数を増やすと全体システムが複雑になって機体質量の増加と信頼性の低下を招く．性能向上の効果は単段式から2段式になったときが最大で，さらに段数が増えるに伴い，その効果の度合はしだいに減少する．実用上，2段式あるいは3段式が最も効率的である．

図2.11は多段式ロケットの構成と飛行の概念を，3段式ロケットを例にとって示したものである．打上げ前の状態は，第1段，第2段，第3段ロケットと下から積み上げる構成とする．地上で点火する第1段（および補助）ロケットの燃焼で推力飛行しているときの状態を第1段フライトと呼び，このとき，「第2段＋第3段＋衛星」の質量は第1段ロケットの「実質的なペイロード」となる．同様に，第2段ロケットエンジンの推力で飛行するときの状態を第2段フライトと呼び，「第3段＋衛星」の質量は第2段ロケットの実質的ペイロードとなる．

d. 飛行フェーズの考え方

高々度の地球周回軌道に衛星を打ち上げるとき，あるいは，宇宙探査機を打ち上げるときのいずれの場合も，宇宙ロケットの任務は，ひとまずこれらペイロードを低高度の地球周回軌道に投入することである．

ペイロードを搭載した宇宙ロケットは，リフトオフ後，①ロケットの上段機体とペイロードを「実質大気層（Sensible Atmosphere）」の外までもち上げる，②地球周回軌道に乗るために必要な速度を獲得する，という2つの段階（フェーズ）を経て低高度の円（または楕円）軌道に到達する（図2.12）．

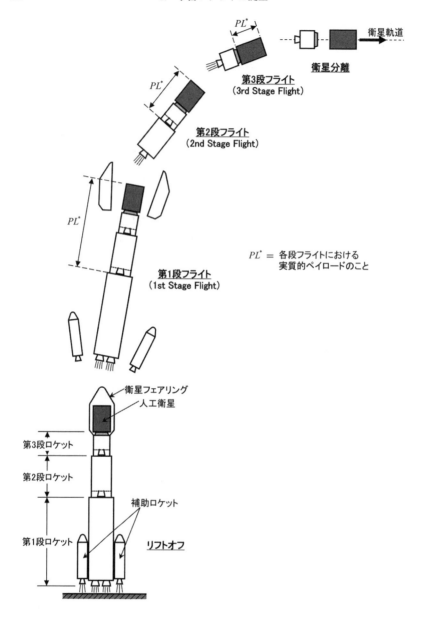

図 2.11　多段式ロケットの構成と飛行の概念

☆ 2.5 宇宙ロケットに要求される機能・性能

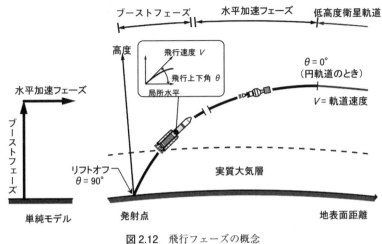

図 2.12 飛行フェーズの概念

①のフェーズをブースト（Boost）フェーズと呼ぶ．ロケットを大気の影響を受けない高度までもち上げる段階のことであり，重力と大気による速度損失が大きい．

②の水平加速フェーズは，ロケットをさらに加速して衛星等を低高度の初期の目標軌道に乗せる段階のことである．このフェーズでは，上段ロケットは空気の希薄な高空を概ね局所水平に近い姿勢で飛行するので，速度損失はきわめて少ない．

実際のフライトでは，図 2.12 左側の単純モデルのように，前半は垂直に上昇飛行して後半は水平に加速する，というように①と②が分かれているわけではなく，この図の右側に示すように，①から②へスムーズに移行する．しかし，スムーズに移行するとはいえ，空気の濃い実質大気層を垂直に近い姿勢で飛行する「ブーストフェーズ」と空気の薄い高空をほぼ水平に飛行する「水平加速フェーズ」とは特徴の異なる飛行状態である．当然，ロケット推進システムの果たすべき役割もまた異なってくる．

e. ロケットの道案内

近代宇宙ロケットは，一定質量のペイロードを限られた推進薬で最も効率的な経路を飛行して当初の目標軌道に投入する役割をもつ．このため，ロケットは航

法・誘導・制御という機能をもつことが必須となる.「航法」は到達すべき目標に対して（飛行中のロケットが）現在どこにどのような状態でいるのか,を決める.「誘導」はロケットが目標軌道に到達するまでの道案内をするもので,人間の頭脳に相当する.「制御」は頭脳部である「誘導」の命ずるとおりにロケット機体を操舵する.人間の手足に相当する.この全体の機能を「誘導制御」と呼ぶが,その具体的内容は第8章で考察する.

第2章で参考にした主な文献；[14], [15], [17], [21], [28], [62]

【注】
注2.1　**ヴァン・アレン帯**（Van Allen Belts）：高エネルギーの荷電粒子が地球の磁場に捕捉され,赤道を中心にして地球周辺をドーナツ状に覆っている.その放射粒子の強い領域をヴァン・アレン帯と呼ぶ.比較的低高度（地球半径の1/2〜1倍程度,平均で2,400〜5,600 km）の「内帯」には主として陽子（プロトン）が,高々度（地球半径の2〜3倍程度,13,000〜19,000 km）の「外帯」には主として電子が飛び交っている.1958年1月,アメリカが同国初の人工衛星「エクスプローラ1号」を打ち上げた際,ヴァン・アレン博士（J. A. Van Allen）のチームによって発見された.南半球上空の一部の領域では地球磁場が弱いため,内帯が平均高度より異常に低い高度（200〜300 km程度）まで降下している.ブラジルの東部から大西洋沖合にかけての上空にあたり,これを「南大西洋異常領域（South Atlantic Anomaly）」と呼ぶ.低高度地球周回衛星や高々度の静止衛星・GPS衛星は,ヴァン・アレン帯の外側を運行しているので搭載機器,太陽電池パネルに劣化の問題は起きない.一方,「国際宇宙ステーション（ISS）」は,南大西洋異常領域を1日に何回か通過するので,放射能（粒子）の影響を受ける時間が比較的長くなる.このため,長期間搭乗する宇宙飛行士の被曝管理・健康管理には十分注意する必要がある.

注2.2　**迎え角**（Angle of Attack）：飛行体の機体軸と飛行方向のなす角度のことで,飛行方向に対する機体の姿勢を表す.飛行機の場合,主翼の「翼弦」（翼型の前縁と後縁を結ぶ中心線）と飛行方向のなす角度を表す.飛行機に乗った人の眼で観察すると,主翼に当たる空気の流れと翼弦とのなす角度である.飛行機の主翼は翼面積が大きいので微小な迎え角でも大きな揚力が発生する.また,ロケットのような細長物体が迎え角をもって飛行するとき,その機体には（翼に比べると小さいが）揚力が発生する.

3. ロケットの推進理論

☆ 3.1 ロケットの推進システム

a. 液体ロケットと固体ロケット

ロケットを前進させるための推進力（推力）を発生する装置を推進システムと呼ぶ．化学ロケットには大別して2つのシステムがある．ロケットが自ら携行する推進薬（酸化剤と燃料）が液体状態のものを「液体ロケット」，固体状態のものを「固体ロケット」と呼ぶ．推進システムの果たす機能は，推進薬の貯蔵，（燃焼室への）移送・供給，燃焼，燃焼ガスの膨張・排気である．液体ロケットはそれぞれの役割に応じて推進薬タンク，推進薬供給系，燃焼室およびノズルの各部分から構成される．固体ロケットは貯蔵から燃焼までの機能が1つの容器（モータケース）内で完結する（図3.1）．

液体ロケットと固体ロケットでは推進薬の貯蔵，供給，燃焼などの仕組みが異なるものの，推進薬のもつ化学エネルギーを熱エネルギーに変え，それを燃焼ガスの運動エネルギーに変換して推進力を生み出す，という基本的メカニズムは共通している．

液体ロケットと固体ロケットにはそれぞれ長所と短所がある．2つのロケットの特徴を大まかに比較したものを表3.1に示す．大型固体ロケットは非常に大きな推進力を生み出すことができるが，燃焼時間は長く続かない．したがって，ロケット機体の受ける加速度が大きい．液体ロケットはその逆で，大きな推力を出すことはやや苦手であるが，長時間の燃焼が可能である．その分，機体に与える加速度も緩やかになる．

固体ロケットは，いったん点火すると途中で燃焼を止めて推力を中断することができない．これに対して液体ロケットは，推力の中断が可能であり，さらに再

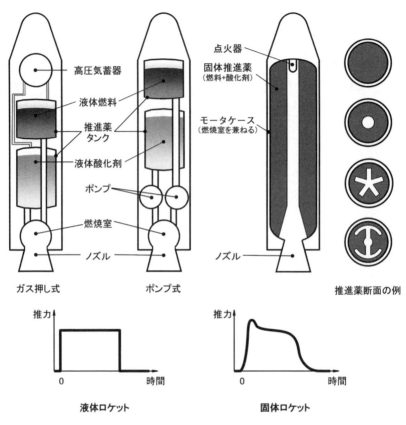

図 3.1 ロケットの推進システム—液体ロケットと固体ロケット—(参考 [18 = Fig. 11-15], [20 = Fig. 12.7])

表 3.1 液体ロケットと固体ロケットの比較

	液体ロケット	固体ロケット
構造	複雑	比較的単純
構造性能(質量比)	一般に高い	大型=低い 小型=高い
エンジン性能(比推力)	高い	中程度
推進力方向制御	容易	可能
推進力中断	容易	不可能
再着火	可能	不可能
推進薬充填後の保存期間	種類により短時間〜長期間	長期間
発射整備作業期間	長期間	短期間

着火機能をもつことが容易である，などのメリットをもつ．宇宙ロケットにより衛星等を特定の軌道に投入するとき，再着火機能が本領を発揮することがある．

　液体ロケットは，エンジンの推力方向を制御してロケット機体の姿勢を変えることが容易で，初期の頃から行われてきた．一方，固体ロケットは元々これができなかった．しかし最近，スペースシャトルの大型固体ロケットブースタで実用化された「可動ノズル」が一般的になり，この面の弱点は克服された．宇宙ロケットは液体と固体の2つのロケットの長所と短所を相補うように組み合わせて用いる．

　「ハイブリッドロケット」は液体の酸化剤（主に液体酸素）と固体燃料を用いて液体ロケットと固体ロケットの長所を利用するシステムで，高い安全性が魅力となる．現在までに多くの研究開発が行われ，一部実用化されつつあるが，課題も多く，まだ本格的な宇宙ロケットに用いられた例はない．

b. ロケット推進力の発生

　ロケットはリフトオフの後，自ら携行する推進薬を消費し，自らの質量を減少

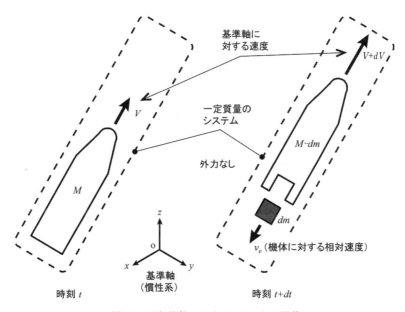

図 3.2　理想状態におけるロケットの運動

させながら飛行する．こうしたロケットの運動はどのように記述できるのであろうか．

　はじめに，ロケットが飛行する状況を単純化して，重力（万有引力）の働きも空気もない理想状態を考える．このとき，図3.2に示すように，ロケットを取り巻く1つのシステムを考え，「時刻tのときの状態」と「微小時間dtが経過したときの状態$(t+dt)$」に対して"運動量保存の法則"を適用する．すなわち，「質量一定のシステムに働く外力がゼロのとき，そのシステム内の運動量は保存される」という古典力学の法則である（運動量の保存則はニュートンの運動の法則から導かれる）．

　ロケットの運動を「ロケット機体」と「排出されるガス」という2つの物体の相互作用として捉えると，このシステムに外力が働かない限り運動量は保存される．「運動量」とは，「質量×速度」で定義される物理量である．質量はスカラー，速度はベクトル（速さと方向）であり，したがって運動量はベクトル量になる．

　ここで，時刻tにおけるロケット機体の質量をM，基準座標軸（慣性系）に対する速度をVとする．微小時間間隔dtの間にロケットから排出される推進薬質量をdm，燃焼ガスの排出速度（ロケットに対する相対速度）をv_eとする．またdtの間にロケットは速度を増すので，その増加分をdVとする．通常，v_eは一定である．

　このシステムには外力が働いていないので，運動量保存則により，時刻tと$t+dt$における運動量は変化しない．したがって，次式が成り立つ．

$$MV = (M-dm)(V+dV) + dm(V-v_e)$$
$$\therefore \quad M \cdot dV = v_e \cdot dm$$

ここで，$dm \times dV$は2次の微小量であるため，これを無視できるとした．結果，次のロケットの運動方程式が得られる．

$$F = M\frac{dV}{dt} = v_e \frac{dm}{dt} \tag{3.1}$$

ここにv_e：燃焼ガスの排出速度（ロケットに対する相対速度），dm/dt：燃焼ガスの単位時間当りの排出質量．

　式（3.1）で表されるロケットの運動方程式は，ロケットの周囲が真空状態のときに成り立つものである．実際の宇宙ロケットは地表から飛行を始めるので，大気の影響を考慮する必要がある．実環境下におけるロケットの運動方程式（ある

3.1 ロケットの推進システム

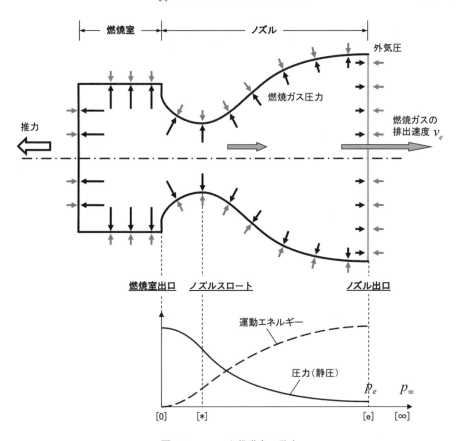

図 3.3 ロケット推進力の発生

いは推力方程式) は以下のとおりとなる (図 3.3 参照).

$$F = \dot{m}v_e + (p_e - p_\infty)S_e \quad [\text{kN, kgf}] \quad (3.2)$$
ロケット推力　運動量推力　圧力推力

ここに，$\dot{m}$：燃焼ガスの質量流量 [kg/s]，v_e：燃焼ガスの排出速度（ノズル出口）[m/s]，p_e：ノズル出口における燃焼ガス圧力 [Pa, kgf/m^2]，p_∞：外気圧 [Pa, kgf/m^2]，S_e：ノズル出口面積 [m^2].

☆ 3.2 ロケットの推進性能

a. 推進力と総推力

① 推力　ロケット機体を前進させるために必要となる推進力（推力）は重要な推進性能（エンジン性能）の1つである．推力方程式は前節で導いたとおりで，推力が大きくなるほど（質量の）大きなロケットを推進することができる．推力は定義の示すように瞬間的に機体に作用する力であるが，実用上，エンジン作動中の平均推力で示すことが多い．とくに液体ロケットの場合，その推力はほぼ一定であるため，瞬間推力と平均推力は一致する．

② 総推力　ロケットの推力は作動時間の長さによらない．ロケットの運搬能力に直接関係するものは「総推力（Total Impulse：I_t）」と呼ばれ，推力の時間積分で定義される．

$$\text{総推力 } I_t = \int_0^{t_b} F(t)\,dt \quad [\text{kgf·s または kN·s}] \\ = F \cdot t_b \quad (\text{推力が一定のとき}) \tag{3.3}$$

液体ロケットのように推力がほぼ一定である場合の総推力は推力 F と燃焼時間 t_b を掛け合わせた値になる．総推力はロケットのもつ「推進能力」を表すもので，この値が大きいほどロケットの運搬能力（打上げ性能）は高くなる．

世界の主要な宇宙ロケットを調べてみると，地上点火（第1段および補助）のロケットが全総推力のほぼ90％前後を負担していることがわかる．ブーストフェーズの飛行にきわめて大きなエネルギーを必要とするためであり，宇宙ロケット全体の推進能力は第1段ロケット（および補助ロケット）によって決まる，ということができる．

b. 速度増加（増速度）—獲得速度—

真空中で重力の作用しない理想状態を考える．ロケットの運動方程式 (3.1) をエンジンの作動している時間で積分することにより，次式を導くことができる．

$$\Delta V = Isp \cdot g_0 \log \frac{M_1}{M_2} \tag{3.4}$$

ここで，ΔV（デルタ・ブイ）は燃焼開始（1の時点）から燃焼停止（2の時点）

までの間にロケットが獲得する速度を示す．ΔV は「速度増加（増速度）」を示し，g_0 は地表における重力加速度 $[9.8\,\mathrm{m/s^2}]$，log は自然対数を示す．Isp は下記に定義される比推力［秒：s］であり，エンジン性能を表す．M_1 はエンジン点火時のロケット質量，M_2 はエンジン燃焼停止時のロケット質量である．M_1/M_2 は質量比（Mass Ratio：MR）と定義される量で構造性能を表す．

　式（3.4）はロケットエンジンを作動させることによりロケット機体が獲得する速度（の大きさ）を示すもので，ロケット飛行の基本となる．19世紀の終わり頃，ロケットの運動を定式化することにはじめて取り組んだロシアの科学者の名に因んで「ツィオルコフスキーの式」と呼ばれている．ツィオルコフスキーの式は次のようにわかりやすい言葉で表現することができる．

　　理想獲得速度(増速度)＝エンジン性能(比推力)×構造性能(質量比)　　（3.5）

　獲得速度 ΔV は推進性能の1つであるが，ロケット構造体の大きさや推力の大きさに関係なく成立する「効率性能」を表す．推力・総推力の大きさを別にすれば，宇宙ロケットの推進性能とはロケットの「獲得速度」に他ならない．獲得速度を決める比推力（エンジン性能）と質量比（構造性能）の意味を以下に示す．

c.　比推力—エンジン性能—

　比推力は（燃焼室とノズルを含む）エンジンシステムの性能を表すもので，「単位時間当り，単位重量（海面上における値）の推進薬を消費することによって得られる推力」と定義される（図3.4）．次式で示すように，単位は秒［s］で表す．比推力（Specific Impulse：Isp）のことを宇宙工学者や技術者は「アイ・エス・ピー」と呼ぶ．

$$\text{比推力}\ Isp = \frac{F}{\dot{m}g_0}\ [\mathrm{s}] \qquad (3.6)$$

ここに，F はエンジン推力［kgf］，$\dot{m}$ は1秒間に消費される推進薬質量［kg/s］を表す．定義式（3.6）は慣習に従って工学単位（重力単位）を用いて表したものであるが，SI単位に直しても内容は同じことである．

　比推力は，推進薬の組合せ，混合比（注3.1，p.58参照），燃焼圧力，ノズル膨張比（注3.2，p.58参照）などによって決まる．比推力が大きいほどエンジン性能が良いことを示す．

比推力 $Isp = \dfrac{F}{\dot{m} g_0}$ [s]

F : 推力 [kgf, kN]
M : ロケットの質量 [kg]
$\dot{m} = \dfrac{dm}{dt}$: 推進薬の質量流量 [kg/s]
g_0 : 海面上における重力加速度 [9.8m/s²]

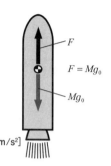

図3.4 比推力の定義

ツィオルコフスキーの式（3.4）が示すように，ロケット全体の（大きさを別にした）推進性能を示す獲得速度 ΔV は，エンジン性能と構造性能を掛け合わせて決まるものであり，比推力というエンジン性能だけで判断してはならない．たとえば，液体酸素／液体水素エンジンを用いたロケットは，エンジン性能が高い反面，構造性能は低いことに注意する．

比推力の定義をわかりやすい言葉でいい直すと，「海面上で1重量キログラム（1 kgf）の推進薬を燃やして1重量キログラム（1 kgf）の物体を（静止した状態で）支え続けることのできる持続時間」を意味する．比推力の値が大きいことは，一定条件下でロケットの推進薬をより長い時間燃やし続けることができることに相当する．

実用上，式（3.6）で定義される比推力の代りに平均比推力を用いることが多い．とくに，推力がほぼ一定の液体ロケットの場合はこちらの方が便利である．

$$\text{平均比推力 } Isp = \frac{I_t}{M_p} \text{ [s]} \qquad (3.7)$$

ここに，I_t は総推力，M_p はエンジン作動中に消費される全推進薬量を示す．現在の大型固体ロケットの比推力は270〜300秒程度，液体ロケットで300秒以上，液体酸素と液体水素の組合せでは430〜450秒程度の高比推力が得られる．もう1つの代表的な液体推進薬である液体酸素とケロシンの組合せで得られる比推力は300〜350秒であり，液体酸素／液体水素エンジンに比べて低い．

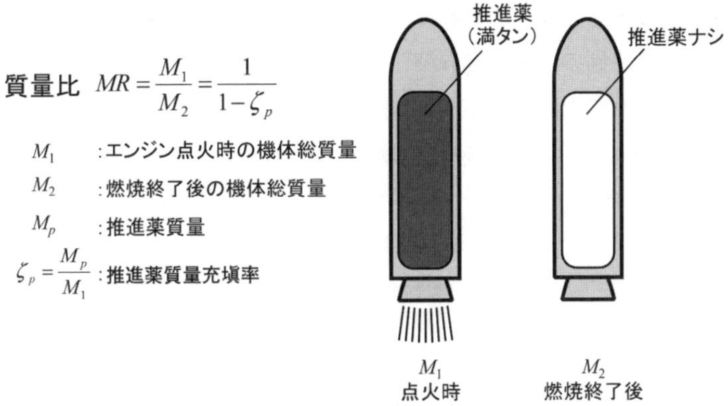

質量比　$MR = \dfrac{M_1}{M_2} = \dfrac{1}{1-\zeta_p}$

M_1　：エンジン点火時の機体総質量
M_2　：燃焼終了後の機体総質量
M_p　：推進薬質量
$\zeta_p = \dfrac{M_p}{M_1}$：推進薬質量充填率

M_1 点火時　　M_2 燃焼終了後

図 3.5　質量比の定義

d. 質量比—構造性能—

ツィオルコフスキーの式（3.4）の M_1/M_2 を「質量比（Mass Ratio）」と呼び，構造性能を表す．質量比はロケット構造体の軽量化の度合を示すもので，軽量化が進み，構造性能が向上するのに伴い質量比は高くなる（図3.5）．

現在の大型宇宙ロケットの「推進薬充填率」（発射時総質量に占める推進薬質量の比率）は推進薬の組合せによっても異なるが，大体 85〜90％ 程度である．このとき，質量比はほぼ 7〜10 となる．推進薬充填率 90％ は質量比 10 に相当するが，これは，タンクなどの機体構造・エンジン・誘導制御機器・計測通信機器などの合計質量が発射時総質量の 10％ に納まることを意味する．残りの 90％ は推進薬である．この構造性能の値は現在の構造・材料技術の限界に近いと考えてよい．ちなみに，ドイツの V-2 号ロケットの質量比は 3.2 であった．

e. 打上げ性能（打上げ能力）

宇宙ロケットの使命は一定質量のペイロードを宇宙空間に運ぶことである．当然，輸送できる質量の大小が問われる．宇宙ロケットの「打上げ性能（Payload Capability）」は，宇宙ロケットが宇宙空間の特定の軌道に運搬できるペイロードの質量を示すものであり，ロケットが大型になり，総推力が大きくなればなるほど，その打上げ性能は高くなる．通常，代表的な軌道を選択し，それに投入できるペイロード質量をロケットの打上げ性能（能力）という．この性能は，ロケッ

ト自身の能力に加えて打上げ発射場の地理的条件によっても異なってくる.

打上げ性能の評価のための基準として用いられる軌道は，高度 200 〜 300 km 程度の「低高度地球周回円軌道（LEO）」のほか，実用衛星のための「静止トランスファ軌道（GTO）」や「太陽同期軌道（SSO）」などである．ロケットの仕様によっては「静止軌道（GEO）」を用いることもある．たとえば，H-2A ロケット（標準仕様）の打上げ性能は，LEO で 10.0 トン，GTO で 4.0 トン，SSO で 4 トン前後である（表 3.2 参照；また，衛星軌道の種類については第 10 章参照のこと）．

表 3.2 主要宇宙ロケット（コア）推進性能の比較（参考 [2], [40], [41]）

ロケット名	発射時総質量 [トン]	第1段ロケット（コア）のエンジン性能		全段の構造性能		打上げ性能		
		比推力（真空中）I_{sp}[s]	酸化剤／燃料	推進薬充填率 ζ_p	質量比 MR	LEO [トン]	GTO [トン]	SSO [トン]
Ariane 5G アリアン（欧）	746	431.2	LOX／LH$_2$	0.86	7.3		6.7	9.5
Atlas 5 アトラス（米）	565*	337.8	LOX／ケロシン	0.92	11.9	20.5	8.7	
Delta 4 デルタ（米）	388*	409	LOX／LH$_2$	0.88	8.0	13.7	6.8	10.5
Titan 4B タイタン（米, 退役）	933*	285.6	N$_2$O$_4$／A-50	0.90	9.8	21.7	5.8 (GEO)	
Proton M プロトン（露）	702	316	N$_2$O$_4$／UDMH	0.91	11.7	21	5.5	
Soyuz 2 ソユーズ（露, 有人）	310(?)	319	LOX／ケロシン	0.92	11.9	7.9	2.0	4.5
長征 2F （中国, 有人）	425.8	260.7**	N$_2$O$_4$／UDMH	0.92	12.1	11.2	5.1	6.0
H-2A （日本）	289*	440	LOX／LH$_2$	0.87	7.5	10.0	4.0	4.0 前後
H-1 （日本, 退役）	140	253**	LOX／ケロシン	0.90	10.0	2.7	1.1	1.3

*ペイロード含まず，**海面上の値
注）LOX：液体酸素，N$_2$O$_4$：四酸化二窒素，LH$_2$：液体水素，UDMH：非対称ジメチルヒドラジン，A-50：50% ヒドラジン ＋ 50% UDMH

f. 推進性能の比較

世界の主要な宇宙ロケットについて，その推進性能の具体例を表3.2に示した．ロケットの大きさを比較するための発射時総質量や，比推力に大きな影響を与える推進薬の組合せも合わせて示した．読者の皆さん，とくに学生諸君は，これら具体例を比較検討することによって各推進性能の理解を深めていただきたい．

☆ 3.3 ノズルの働き

a. 超音速ノズルの効用

宇宙ロケットの推進システムは，液体ロケット，固体ロケットのいずれであっても3,000 ℃あるいはそれを若干超える高温の燃焼ガスを扱うため，高度の技術を要する．その推進システムの中にあってノズルは特別な位置を占める．

ロケットのノズルは先細り管と末広がり管をつなぎ，それを燃焼室の出口に取り付けただけの構造体であるが，推力発生に大きな効果を発揮する．燃焼ガスは，この形状のノズル内を通過することにより膨張して加速され，超音速流れとなってノズル出口から排出される．ロケット推力は，ノズル出口から排出されるガス速度の2乗に比例するので，排出ガスの流れをできる限り高速にすることが望ましい．

図3.6に示したように，燃焼室に円形の開口部を設けて"先細り管"を通して燃焼ガスを排出する「音速ノズル」に比べて，「超音速ノズル」を通して排出する場合の推進性能（推力 F，比推力 Isp）はどの程度向上するであろうか．単純な「凍結流」（化学反応が進行しない流れ；第4章参照）の仮定に基づく解析によれ

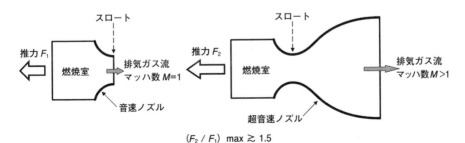

図3.6 音速ノズルと超音速ノズルの比較

ば，ノズルの形状（膨張比），燃焼条件（燃焼ガスの比熱比，燃焼室圧力など）を選ぶことによって，真空中における推力および比推力の最大値はおよそ1.5倍，またはそれをやや上回るという結果が得られる．これは，現用の大型エンジンでも実証されている．ノズル理論は［18 = Chap. 3］，［19 = Chap. 4］，［20 = Chap. 11］に詳しい．

　結論からいえば，単純な構造体の超音速ノズルを利用することによって，ロケットの推進性能（推力および比推力）は最大で約50％（条件によっては，それ以上）向上する．ロケットのノズルは，燃焼室で生み出された熱エネルギーを効率よく運動エネルギーに変えるが，その原理は，以下に説明するように気体（ガス）の性質を巧みに利用するものである．

b. 伸び縮みする気体の性質—超音速流れの実現—

　気体（ガス）は圧力を上げると縮む．すなわち，密度が上昇する．一方，圧力を下げると膨張して密度が低下する．気体が伸び縮みする，この性質を「圧縮性」と呼ぶ．水などの液体はほとんど伸び縮みせず，圧縮性はきわめて小さい（ただし，ゼロではない）．同じ「流体」であっても，実質的に気体は圧縮性流体，液体は非圧縮性流体である．

　図3.7を参考にして，断面積の変化する管内を流れる気体（ガス）の運動を考える．流れの速さが音速より小さい（マッハ数が1より小さい）場合（注3.3, p.58参照），すなわち亜音速流れの場合，①管の断面積が流れに沿って減少するとき，ガスの流れは加速する（圧力は低下する）．一方，②断面積が増加するとき，ガスの流れは減速する（圧力は上昇する）．これは，家庭の水道栓からホースで水を撒くときに見られる現象と同じである．つまり，気体（圧縮性流体）の流れが亜音速のときの振舞いは，液体（非圧縮性流体）と同じである．

　一方，ガスの流速が音速を超えてマッハ数が1より大きくなると，流れの振舞いが逆転する．図3.7に示したように，③流れに沿って断面積が減少するときガスの流れは減速する（圧力は上昇する）が，反対に，④断面積が増加するときガス流れは加速する（圧力は低下する）．気体力学の基本については［29］，［30］に詳しい．

　ノズルの最小断面積の部分をスロートと呼び，流れはここで音速（マッハ1）になる．燃焼ガスは，先細り管（亜音速部）と末広がり管（超音速部）の双方にお

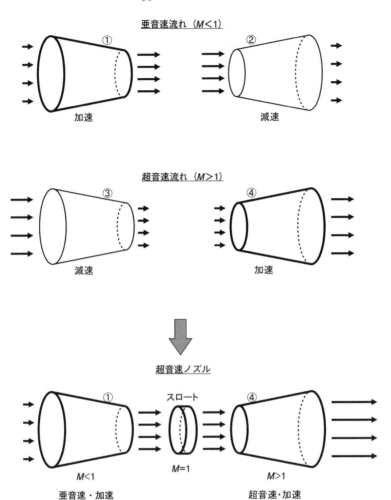

図 3.7 気体（ガス）流れの特性

いて膨張し，ガスの「流れに沿う圧力」が低下するとともに「流れに沿う温度」も低下する．燃焼ガスはこの膨張過程で加速され，ノズル出口から超音速流として排出される．同じ原理は超音速風洞で用いられている．風洞内を流れるガスは乾燥空気である．

ロケットのノズル内を流れる燃焼ガスの状態量（圧力，密度，温度）は流れに沿って低下する．このため，膨張比を大きくとって（ガスの膨張の程度を大きく

して）性能を上げるためには，燃焼室内の燃焼ガスの圧力と温度を可能な限り高くする必要がある．燃焼室内の温度が低いとき，たとえノズル膨張比が大きくても，燃焼ガスはノズル内の膨張過程で温度が低下して液化してしまうためである．

c. ノズルの形状

ノズルの機能は高温高圧のガスを効率よく膨張させることである．ノズル性能を上げるためには，膨張比をなるべく大きくすることが望ましいが，当然，ノズルには構造体としての強度・剛性，大きさ，構造質量などの制約がある．また，第1段ロケットのように地上で点火されるエンジンのノズルは，外気圧とノズル出口（直前の）圧力との関係に制約があるため，膨張比をむやみに大きくすることはできない．

一般に，ロケットのノズル断面積は円形であり，その流れは軸対称流となるが，矩形であってもよい．今までに考案・開発された代表的なノズル形状を図3.8に示す．現在最も多く用いられる形状は円錐型およびベル型である．

(1) 円錐型ノズル

形状が単純で製造するのは容易であるが，同じ膨張比を確保するためにはノズルの全長がベル型に比べて長くなるため，構造質量が増加する．適正な半頂角は $12°～18°$ である．ノズル内壁の断面が軸方向に直線状に拡大する形状であるため，出口におけるガス流れは軸方向から外向きに発散する．このため，発生推力に2%前後の損失が生ずる．しかし，製造が単純であることのメリットを生かして，

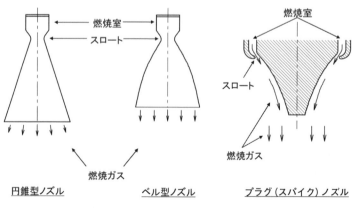

図3.8　ノズル形状の代表例（[18 = Fig. 3.13] を参考に作成）

大型，小型を問わず固体ロケットのノズルに多用される．それは，固体ロケットの燃焼の結果生じる多量の高温（液体）アルミナがノズル壁を侵食して表面を凸凹にしてしまうため，断面形状の複雑なベル型ノズルを用いても性能は上がらない，という事情がある．

(2) ベル型ノズル

ラバール（de Laval）ノズルとも呼ばれる．ノズルスロート直後の末広がり角の半頂角を 30°～60° と大きく取り，ここでガスを急速に膨張させる．その後，この角度を徐々に絞り，出口ではガス流れをノズルの中心軸とほぼ平行にする．ベル型ノズルは流れの発散損失が小さいため，その効率は非常に高い．さらに，膨張比が同一のノズルを用いる場合，ベル型ノズルの全長は円錐型ノズルに比べておよそ 20～30% 短くて済む．その分，軽量構造となるため，現在，ほとんどの液体ロケットエンジンはベル型ノズルを用いている．

(3) プラグノズル（スパイクノズル）

環状に作った燃焼室から，高温高圧のガスを中心部の金属管の外壁に沿って排出・膨張させるもので，外側はオープンになっている．理論的には，ガスがより完全に膨張するため高い性能を得ることができるものと期待されていた．宇宙開発初期の頃から多くの研究開発が行われてきたが，構造質量の増加など実用上の課題が多い．NASA は民間企業と共同で SSTO 実験機として X-33 の開発を始めたが，このとき採用したのがリニアスパイクノズル（図 3.8 のプラグノズルの変形）であったが，その後，この計画自体が中止された．現在，プラグノズルが実用化された例はない．

d. ノズル流れの実相

ここで，液体ロケットに用いられた標準的なベル型ノズル内のガス流れの様子を調べてみよう．大型液体ロケットエンジンの代表として H-2A ロケットの LE-7A（液体酸素／液体水素）とアトラス・ロケットの RD-180（液体酸素／ケロシン）を選び，公開されているデータを用いてノズル中心軸に沿う燃焼ガスの圧力 p，温度 T，およびマッハ数 M を計算して図 3.9 に示した．

燃焼ガスがノズル内で化学反応しつつ膨張するノズル流れは非常に複雑であり，それを完璧に把握することはできない．燃焼ガスの化学反応流の解析法については第 4 章に譲り，ここでは，最も単純なケースとして凍結流という仮定に基づく

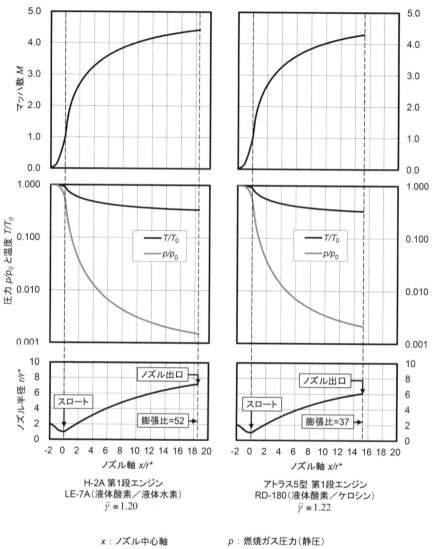

図 3.9 ノズル内ガス流れの特性―凍結流―（参考 [2 のデータ]）

気体力学の計算結果を示した。2つのエンジンとも，燃焼ガスはノズル全域で膨張・加速され，ノズル出口でマッハ4以上の超音速流となって排出される．

e. 外気圧の影響

第1段ロケットや補助ブースタなど，空気密度の高い大気層で作動するロケットエンジンのノズルは，外気圧（背圧）の影響を受けるため，その膨張比をあまり大きくすることができない．ノズル内のガスはその出口に向かって流れる過程で流速を増し，圧力を低下させるが，このとき，膨張比がある限度を越えて大きくなると，外気圧の影響でガス流れがノズル内壁から剥離して複雑な非定常振動を引き起こす．時として，ノズル構造体が損傷を受ける事態も招来する．ただし，ノズル出口直前のガス圧力がその外気圧（背圧）より少しでも低くなるとただちに剥離するわけではない．"流れの剥離"は非常に複雑な流体力学現象であり，ここでは深入りしない．

こうした理由により，大気の濃い地表で点火するエンジンノズルの膨張比はあまり大きくとることができず，その分，推進性能も制約を受けることになる．

宇宙ロケットがリフトオフして上昇飛行するとき，地上点火されたエンジンの推進性能（推力，比推力）が高度とともにどのように変化するのであろうか．H-2ロケット第1段エンジン（LE-7）について計算した結果を図3.10に示す．この図から，地表（海面上）におけるエンジン性能は本来の真空中の性能に比べて約20％低下することがわかる．性能の低下率は個々のエンジン仕様によって異なるが，通常の宇宙ロケットでも同じ程度の性能低下は避けられない．

図3.10からわかるように，大気の存在がエンジン性能にマイナスの影響を及ぼすのは，高度約40〜50km程度までである．それより上空の真空に近い状態で発揮される推力および比推力がそのエンジン本来の推進性能であり，それぞれ「真空中推力：F_{vac}」，「真空中比推力：Isp_{vac}」と呼ぶ．海面上で大気圧は最大であり，推進性能は最低となる．このときの値を「海面上推力：F_{SL}」，「海面上比推力：Isp_{SL}」と記す．

真空に近い高空で作動する第2段・第3段のロケットエンジンについては，大気の影響を考慮する必要がないため，ノズル膨張比を（強度・剛性などの制約内で）可能な限り大きくすることができる．極端な例では，膨張比が300前後のノズルもある．仮に第1段と第2段に同一のエンジン燃焼室を採用した場合，第1

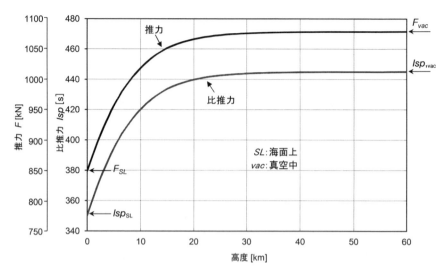

図 3.10 高度による推進性能の変化—H-2 ロケット第 1 段エンジン LE-7 の例—（参考 [41]）

段エンジン性能は第 2 段に比べて低くなるのはやむをえない．

ロケットの概略仕様を示す要目表で地上点火のロケット（第 1 段エンジンおよび補助ロケット）の推力や比推力の性能値について，真空中（Vacuum：vac）や海面上（Sea Level：SL）と区別して示すのはこのような事情を反映している．

☆ 3.4 飛行フェーズと推進システムの選択

第 2 章で示したように，宇宙ロケットが地上から低高度の衛星軌道に至るフライトには 2 つのフェーズがあり，それぞれが明確な特徴をもっている．2 つのフェーズの特徴とそのフェーズに適した推進システムについて比較したものを表 3.3 に示す．

a. ブーストフェーズの推進システム

このフェーズの飛行では，重力と空気抵抗による損失が大きいので，推力が大きく構造体容積の小さな推進システムが最適となる．すなわち，加速性能のよいことが最も重要であり，比推力の高いエンジンは必須ではない．固体ロケットは推進薬密度が高く，短時間に大推力を出すことが得意であるため，ブーストフェ

3.4 飛行フェーズと推進システムの選択

表3.3 飛行フェーズと最適推進システム

飛行フェーズ／ 作動ロケットの段		ブーストフェーズ／ 第1段および補助ブースタ	水平加速フェーズ／ 上段（第2・第3段）
各段推進システムの役割		ロケット機体を地上から実質大気層を越える高度まで押し上げること	第2段以上のロケット機体を軌道速度まで加速すること
飛行フェーズの特徴	飛行上下角	大	小
	重力による損失	大	小
	空気による損失	大	ほぼゼロ
望ましい推進性能	推力	大	小
	比推力	中程度 （とくに高比推力の必要なし）	高
	推進薬密度	大	とくに制約なし
	質量比	大	大
最適ロケット（最適推進薬）		・固体ロケット ・液体ロケット （液体酸素／ケロシン）	・液体ロケット （液体酸素／液体水素）

ーズに最も適した推進システムである．液体ロケットに限れば，液体酸素／ケロシンが最適である．

　液体酸素／液体水素の組合せは，第1段ロケットのエンジンには適していない．なぜなら，液体水素の比重が0.07（ケロシンの約1/11）と非常に軽い液体であるため，比推力は高いが，推進薬タンクの容積と質量が大きくなるためであり，タンクの質量は，液体酸素／ケロシンの場合に比べて約3倍になる．たとえば，第1段に液体酸素／ケロシンを用いたH-1ロケット全段質量比は（ペイロードなしで）10.0であったが，第1段に液体酸素／液体水素を用いたH-2Aロケットの全段質量比は7.5であり，構造性能は格段に悪い（表3.2参照）．

　一方，スペースシャトル，アリアン5型ロケット，日本のH-2系（H-2，H-2A，H-2B）ロケットに見られるように，第1段に液体酸素／液体水素エンジンを用いる例が多かったのは，エンジンの比推力が高いことのほか，排気ガスがクリーンであることの理由が挙げられる．いずれにしても，上記の宇宙ロケットはすべて固体ロケットブースタを補助として併用し，液体酸素／液体水素エンジンの短所を補っている．

b. 水平加速フェーズの推進システム

　上段ロケットによる水平加速フェーズの飛行では，重力と空気抵抗による損失はきわめて小さい．このフェーズには比推力の高い推進システムが望ましい．その点で液体酸素／液体水素エンジンが最適である．

c. 近未来の第 1 段ロケットの推進薬

　別の観点から，将来の宇宙ロケットに採用すべき液体推進薬と固体ロケットについて考えてみる．固体ロケットは飛行中，大量の塩酸とアルミナ（酸化アルミニウム：Al_2O_3）を空気中に排出する．環境上の配慮から，（再使用型，使い捨て型を問わず）将来の宇宙輸送システムとして，固体ロケットを敬遠して，「全段」を液体ロケットで構成する考え方が優勢になってきた．この場合，第 1 段液体ロケットエンジンの燃料としては，液体水素に比べてケロシンが優位に立つことになろう．

第 3 章で参考にした主な文献：[18]，[19]，[20]，[21]，[29]，[30]

【注】
注 3.1　**混合比**：液体ロケットの推進薬が燃焼するとき，酸化剤の質量流量と燃料の質量流量の比率を混合比（Mixture Ratio）という．これは必ずしも完全燃焼する比率とは限らない．混合比は燃焼効率のほか搭載する液体推進薬の総質量や飛行性能を考慮して決める．

注 3.2　**ノズル膨張比**：ロケットのノズルは，燃焼室出口に続く先細り管とその下流の末広がり管を断面積最小のスロート（Throat）でつないだ構造体である．ノズル出口面積とスロート面積の比を膨張比（Expansion Ratio）という．

注 3.3　**音速とマッハ数**：気体（ガス）の音速とは，微小な圧力変動の粗密波が気体の中を伝わる速さのことである．マッハ数（Mach Number）は，流れの速さを音速で割った無次元の値である．マッハ 1 は音速であることを示し，マッハ 1 未満の流れを亜音速流，マッハ 1 より大きな流れを超音速流という．また，マッハ 1 前後（およそ 0.7〜1.4 の範囲）の流れを遷音速流と呼ぶ．音速は気体（ガス）の種類と気体温度により決まる．空気は容積比で 79% の窒素，21% の酸素およびわずかなアルゴンや炭酸ガスなどで構成される混合気体であり，音速は 15 ℃ で 340 m/s となる．大型旅客機の飛行する高度約 1 万 m の標準大気の気温は約 −50 ℃ であり，音速は約 300 m/s となる．ロケットエンジンの燃焼ガスは推進薬の燃焼の結果生じた混合ガスであり，その成分比率が同じであれば，音速は絶対温度の 1/2 乗（平方根）に比例する．

4. 液体ロケットエンジン

☆ 4.1 液体ロケットとは？

宇宙ロケットに用いられる2液式液体ロケットの推進システムは，酸化剤と燃料を別々のタンクからエンジン燃焼室に送り込むもので，推進薬タンク（酸化剤タンクと燃料タンク），推進薬供給系，燃焼室（噴射器・点火器・冷却機構を含む）およびノズルから構成される．このうち，推進薬供給系の一部（ターボポンプ）・燃焼室・ノズルを合わせてエンジンと呼ぶ．図4.1は，古典的なポンプ式大型液体ロケットエンジンの代表例を示したものである．また，図4.2にH-2Aロケット第1段エンジン（LE-7A）の外観（開発試験時）を示す．

ここで，混乱を避けるため，エンジンとノズルについて，その定義と実際のハードウェアとの相違を確認しておきたい．狭い意味では燃焼室とノズルを合わせたものをエンジンと呼ぶ．ノズルとは，第3章で定義したように，燃焼室からスロートを経てノズル出口までの「先細り管」と「末広がり管」を結合した構造体を意味する．一方，実際のハードウェアは，スロートの少し下流部の，ノズル膨張比が比較的小さい部分までを燃焼室として製造し，ここでノズル延長部（ノズルスカート）に接続する．

液体ロケットは，固体ロケットに比べて一般に構造が複雑で部品点数が多く，発射整備作業に長い期間を要するが，大型になればなるほど構造性能が向上する．そのほか，下記に示すような優れた機能をもつ．

なお，推進薬タンクは液体ロケットシステムの重要な構成部分であるが，推進薬の貯蔵のためのみでなく，ロケット機体の主構造体としての機能を合わせもつことが多いので，第6章で扱うことにし，本章では，タンクを除いた液体ロケットエンジンについて考察する．

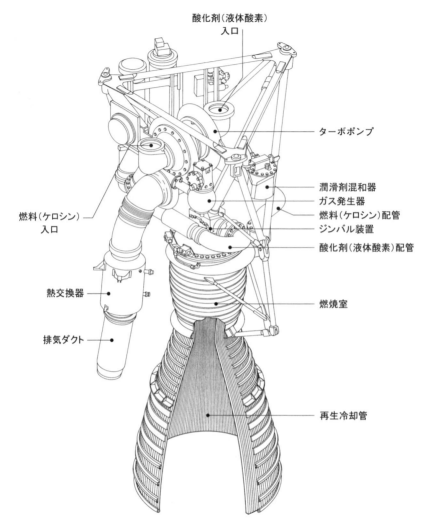

図4.1 液体ロケットエンジンの構造—ポンプ式・再生冷却方式の例—（引用 [9 = p. 525]）

a. 再着火の機能

　液体ロケットは，飛行中に燃焼を中断して推力をゼロにすることができるうえ，必要に応じて再着火により再び推力飛行に移ることができる．たとえば，飛行中のロケットが目標の軌道条件を満足したとき，ただちにエンジン燃焼を停止することによりペイロードは目標軌道に正確に投入されるが，これは燃焼中断の機能

によって可能になる．また，再着火機能は，日本のように赤道から離れた緯度の発射点から静止衛星を打ち上げるとき，その真価を発揮する（具体的なことは第10章で解説する）．

b. ロケット飛行方向の変更

宇宙ロケットは飛行中，搭載したペイロードを目標軌道に正確に投入するため，誘導制御の機能により時々刻々，機体の姿勢を変えて飛行方向を変更する．そのため，ロケットエンジンの推力方向を自由に変更することが求められる．これが推力方向制御（Thrust Vector Control：TVC）の機能であり，これまでに様々な方式が考案・開発されてきたが，現在はジンバル方式が

図4.2 液体ロケットエンジン―H-2Aロケット第1段エンジン（LE-7A）―（出典：JAXA）

一般的である．ロケットエンジン構造体を「ジンバル機構」によって支え，これを燃焼室頭部にある支点（ジンバル点）回りに首振り運動させることにより，推力方向を変える，というメカニズムである．

c. ジンバルによる推力方向制御

液体ロケットに用いる2軸ジンバル機構とは，エンジン構造体とロケット機体本体が直交する2軸回りに自由に回転できるように組み合わせた機械的フレームである（図4.3）．（油圧または電動の）アクチュエータによって2軸方向に回転させると，エンジンはジンバル点を支点にして（機体主軸に対して）傾き，その結果，エンジンの推力方向が変わる．すると，ロケット機体はその重心回りのピッチ（Pitch，縦揺れ）およびヨー（Yaw，偏揺れ）のモーメントを得て機体2軸方向の姿勢を変える．これをジンバル姿勢制御と呼ぶ．この制御法は，推進薬タンクから燃焼室につながる推進薬供給系の配管類をフレキシブルにしてエンジン構造体の動きを妨げないようにする必要があるが，簡潔で比較的大きな角度までの推力方向制御ができるので多用される．

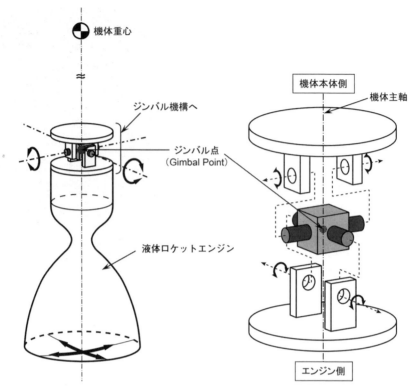

図4.3 2軸ジンバル機構によるロケットの姿勢制御（参考 [62]）

　一方，機体主軸回りのロール（Roll，横揺れ）の制御は機体の両脇に装着した一対の固体ロケットあるいは（機体主軸から離れた）機体外周部に取り付けた一対の小型液体補助ロケットなどにより行う．ロケット機体3軸と3軸回りの回転角（ピッチ，ヨー，ロール）の定義は第8章の図8.11を参照していただきたい．

　蛇足になるが，言葉の点からいえば，ジンバル（Gimbal または Gimbals）は，今は廃語になっている Gemel（Hinge，蝶番の意）から転化したものらしい．もともとは名詞であるが，現在は「首振り運動する」という意味の動詞としても用いられる．

☆ 4.2 推進薬の移送・供給

　液体ロケットエンジンが一定レベルの推力を生み出すためには，タンクから一定流量（単位時間当りに流れる液体質量）の推進薬を燃焼室に送り込む必要がある．この目的のため，「ガス押し式」と「ポンプ式」の２つの方式が用いられる（図 4.4）．

(1) ガス押し式

　気蓄器から導いた高圧ガスを一定圧力に調圧した後，酸化剤タンクと燃料タンク内に送り込む．タンク内のガス圧力により一定流量の酸化剤と燃料をそれぞれのタンクから押し出してエンジンに供給する．エンジン作動中，押しガスをたえず高圧の気蓄器から補充することによって２つのタンク内圧を一定に保つ必要がある．このため，推進薬タンクは，ある程度大きな内圧に耐える構造体にする必

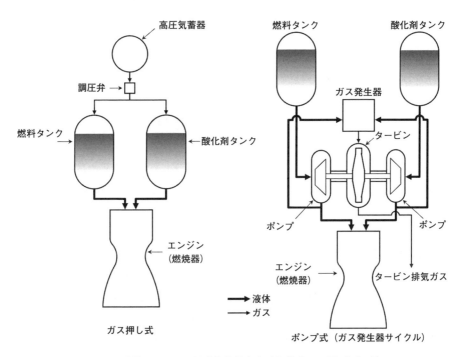

図 4.4　液体ロケットの推進薬供給方式（参考 [26 ＝図 1], [62]）

要があり，ポンプ式に比べてタンク全体の質量が増える．このデメリットのためガス押し式は，大型の液体ロケットエンジンには用いられないが，一方，構造が単純で信頼性が高いというメリットを生かして，低推力または燃焼時間の短い（比較的）小型の液体ロケットエンジンに用いられる．スペースシャトルの軌道変更用エンジン，わが国初期の N-1 および N-2 ロケットの第 2 段エンジンに用いられた．押しガスには，推進薬と反応せず溶解しにくい不活性ガスのヘリウム（He）や窒素ガス（N_2）が用いられる．

(2) ポンプ式

エンジンの燃焼に使用する推進薬の一部（少量）を小型のガス発生器内で燃焼させ，中・低温（500～600 ℃ 程度，エンジンによっては 700 ℃ 程度まで）の燃焼ガスを発生させる．ポンプ式は，この不完全燃焼ガスを用いてタービンを駆動し，同軸につないだポンプを駆動する．

タービンとポンプを同軸でつないだものを「ターボポンプ」と呼ぶ．図 4.4 は 1 つのタービンが酸化剤と燃料の双方のポンプを駆動するタイプであるが，大型のロケットでは酸化剤と燃料にそれぞれ独立したターボポンプを用いる．

ポンプ式は，ガス押し式と比べてタンク内圧は低くてよいため，ロケットが大型になってもタンク質量の増加は低く抑えられる．したがって，大型になればなるほどロケットの構造性能は向上する．

☆ 4.3 推進力の発生

「押しガス」または「ポンプ」によって燃焼室に送られた酸化剤と燃料は，そこで化学反応を起こして高温・高圧の混合ガスを生成する．これが燃焼という化学反応であり，反応生成物質が燃焼ガスである．

a. 噴射器

液体の酸化剤と燃料はそれぞれのタンクから配管を通って燃焼室に送られるが，このうち燃料は，燃焼室とノズルの壁を燃焼ガスによる高熱から防護するための冷却剤として用いられることが多い．噴射器に入るときの酸化剤と燃料は双方とも液体である場合と一方が気化してガスになっている場合がある．酸化剤と燃料は噴射器を通過して均一に混合することによって効率のよい燃焼が実現する．

☆ 4.3 推進力の発生

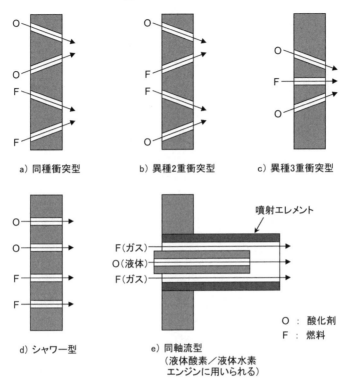

図 4.5 液体推進薬の噴射方法（参考 [17 = Fig. 5.27], [18 = Fig. 10-9], [20 = Fig. 12.7], [21 = Fig. 7.17]）

液体推進薬の代表的な噴射方法を図 4.5 に示す．同軸流型は，液体酸素／液体水素エンジンに用いられ，中心に液体酸素，外側に水素ガスを通す．噴射器は円板に多数の開口部を設けた構造で，燃焼を安定させるために整流板（バッフル）を設けることもある．液体酸素／液体水素エンジンに用いられる噴射器の一例を図 4.6 に示す．

b. 燃焼ガスの流れ—燃焼室からノズル出口までの化学反応流—

噴射器を通して燃焼室に送られた酸化剤と燃料は，点火装置から着火エネルギーを得て燃焼という化学反応を開始する．ただし，自燃性（注 4.1, p.83 参照）の推進薬を用いるエンジンは点火装置を必要としない．

化学反応の結果生成された燃焼室内の高温・高圧の混合ガス（燃焼ガス）は，

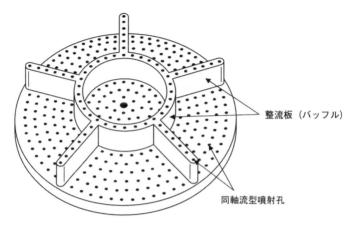

図 4.6 液体酸素／液体水素エンジン噴射器の例（参考 [19 = Fig. 4-51]，[21 = 図 7.22]）

ノズル内で膨張する過程で化学反応を続け，ノズル出口から超音速流として排出される．この間の燃焼ガスの化学反応過程は非常に複雑で，完璧にシミュレートすることはまずできない．しかし，この複雑なガス流れの現象をマクロに捉え，燃焼ガス全体の圧力・温度・密度および「化学種」（注 4.2, p.83 参照）の組成比，流速などを流れに沿って解析し，ノズル出口におけるエンジン全体の性能を一定精度の範囲内で求めることは可能である．その考え方を簡単に記す．

c. 燃焼室内の化学反応—化学平衡—

ある環境の下で特定の物質の化学反応が進行するとき，反応物が順反応することにより生成物が生じ，同時に，生成物が逆反応することにより反応物が生じる．このとき，順反応と逆反応の反応速度が釣り合って，定常に達したときの状態を化学平衡と呼び，反応物と生成物の各成分と濃度（または組成比率）が固定され，それ以上変化しない．最も単純な例として，水素ガスと酸素ガスの化学反応を考える．

$$\underbrace{2H_2 + O_2}_{\text{反応物}} \xrightleftharpoons[\text{逆反応}]{\text{順反応}} \underbrace{2H_2O}_{\text{生成物}}$$

この反応では，水素（H_2）と酸素（O_2）が反応物，水蒸気（H_2O）が生成物で

ある．各物質（分子）の前に示す数字2，1，2は単位体積当りのモル数を表す．この反応がこれ以上変化しないときの状態が化学平衡状態である．

液体ロケットエンジンの燃焼室内では，酸化剤と燃料の反応速度が非常に速く，きわめて短い時間にほぼ化学平衡に達するものと考えられる．このときの燃焼ガスは約3,000℃あるいはそれ以上の高温となる．

エンジン燃焼室内における酸素と水素の実際の化学反応は，ここで示した例のように単純ではない．燃焼ガスは，未燃のH_2，O_2に加えてH_2O，OH，O，Hの（少なくとも）6種の化学種から構成される．また，液体酸素／ケロシンなどの推進薬の組合せの場合，混合ガスを構成する成分（化学種）の数はもっと多くなる．

燃焼室の役割は，推進薬が効率よく化学反応することにより，可能な限り高温の燃焼ガスを生み出すことにある．「燃焼室の性能」は，厳密にいえば「特性排気速度」で評価できるものであり，ここでは詳細を省くが，次式で示すように「燃焼ガスの絶対温度：T_c」と「燃焼ガス（混合ガス）の分子量：M」で決まる物理量である．

$$燃焼室性能 \propto \sqrt{\frac{T_c}{M}} \tag{4.1}$$

燃焼ガスの温度T_cと分子量Mは化学平衡計算により求めることができる．なお，エンジン全体の性能（比推力または排気ガス速度）は，燃焼室性能にノズル性能（膨張の効率）を掛け合わせて得られることに注意する．

液体酸素／液体水素エンジンの燃焼を考えると，混合比が8前後のとき燃焼温度は最も高くなる．しかし，燃焼ガスの分子量の影響により，比推力は混合比4の付近で最高になる．実際の液体ロケットの混合比は，こうした燃焼性能に加えて，ロケットの構造性能や飛行性能全般を考慮して決める．現在，液体酸素／液体水素エンジンは混合比を6前後に設定するのが一般的である．

なお，液体酸素／液体水素エンジンのみならず現用の2液式液体ロケットエンジンの性能（比推力）はきわめて高く，推進薬の物理化学特性から考えて，（推力などの大きさを別にすれば）限界に近いと考えてよい．

d. ノズル内の反応流

ノズルの役割とノズル流れの概要は第3章で説明したとおりである．ノズル内のガス流れは膨張する（圧力・密度・温度が低下する）と同時に化学反応し，そ

の過程でガスのもつ熱エネルギーは運動エネルギーに変換される．このようなノズル流れは非常に複雑であるが，以下のように考えて解析する．

　第1の，そして最も単純な考え方は，ノズル内で化学反応は進行しないと仮定する．燃焼ガスは燃焼室内と同一の成分構成（組成比率）のままノズル形状に従って膨張する，と考える．これが「凍結流」である．気体力学（圧縮性流体力学）の理論により凍結流を解析すると，その結果は，エンジン全体の性能をやや過小評価する．エンジン性能の下限であると考えてよい．

　第2の考え方は「化学平衡流」である．燃焼ガスは（流れに沿って）ノズルの各位置において瞬間的に化学平衡に達すると考えるもので，各位置における燃焼ガスの組成比率，ガス全体の状態量，流速などを，ノズル出口に至るまで微小間隔ごとに求める．化学平衡流の解析結果は，エンジン性能をやや過大評価する．エンジン性能の上限と考えてよい．

　第3の考え方は，ノズル内で化学反応が進行していると考える．実際の化学反応は（瞬間的ではなく）一定の反応速度で進行する．その反応速度は絶対温度に依存する．そこで，ノズルの各位置において，各化学種間の化学反応を想定し，計算を繰り返す．その解析は非常に複雑で時間のかかる作業となる．得られるエンジン性能は，第1の凍結流（下限）と第2の化学平衡流（上限）の間の値となる．

　燃焼室からノズル出口に至る流れの解析において，ガスは非粘性・非伝導性の「完全気体」とし，「断熱流れ」を仮定する（このような流れを「等エントロピー流」と呼ぶ）．実際の燃焼ガスには粘性があるためノズル内壁には「境界層」（注4.3, p.84 参照）が形成される．また，燃焼室およびノズル（の一部）の外壁面を流れる冷却剤は燃焼ガスから熱の一部を外に取り出している．つまり，ノズル内の流れは完全な断熱流れではない．厳密なエンジン性能解析が必要な場合，こうした実在気体の影響を計算して補正しなければならない．理想的な等エントロピー流に対して，上記の粘性および熱伝達によるエンジン性能の損失は，ノズルの形状・大きさ，燃焼条件などによっても異なるが，最大でおよそ2～3%程度になるものと推定される．

4.4 燃焼室の冷却

エンジンが作動している間，燃焼室とノズルの内壁は高温の燃焼ガスにさらされるので，エンジン構造体を高温のガス流れから防護してその強度・剛性を正常に保つことが求められる．現在，3,000℃程度の燃焼温度に耐えうる金属材料は存在しない．この高温ガスを燃焼室内部とノズル内に封じ込めて構造体を守るため，その壁面を冷却するメカニズムが必要になる．代表的な冷却方法を以下に示す．

a. 再生冷却

ロケットのタンクに貯蔵されている燃料の温度は常温またはそれ以下である．そこで，燃焼室に送り込む前の燃料を（ノズルの一部を含む）燃焼室の外壁面に沿って流すことにより，外側から壁を冷却する方式が再生冷却法（Regenerative Cooling）である．初期の頃，多数の細い配管を円周方向に接合して円筒形燃焼室の壁を製造した（図 4.1 参照）．この方法は製造が複雑で手間がかかるため，現在は，熱伝導性に優れた銅などの厚肉金属板の中に多数の管路を設ける製造方法が用いられる（図 4.7）．

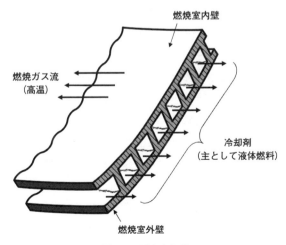

図 4.7　再生冷却法

図 4.7 に示すように，まず，燃焼室に入る前の燃料をこの管路の中に通す．冷却剤としての燃料は，この管路を流れる間に燃焼室の壁面を冷却して壁を防護するとともに，壁面を通して燃焼ガスの熱を吸収して自ら高温となってその後の燃焼に貢献する．燃焼ガスから壁を通して吸収した熱を最終的には燃焼に役立てるため，この方式を「再生冷却法」と呼ぶ．

現在，一定の大きさ以上の液体ロケットエンジンはすべてこの冷却法を用いる．エンジンおよびノズル構造体の受ける熱負荷はノズルスロート部で最も厳しいので，燃焼室だけでなくスロートから少し下流の低膨張比の部分まで再生冷却法を適用するのが一般的である．

冷却剤として普通は燃料を用いるが，ロシアで開発された大型の液体酸素／ケロシンのエンジン（RD-180，後述）は液体酸素を用いている．燃焼室の壁の回りに流れる「純粋酸素」がわずかでも漏洩すると，近くには火種（燃焼ガス）があるため，大惨事を引き起こすことになる．日米欧では，酸素を冷却剤に使ったエンジンの例はない．しかし，ロシア生れのこのエンジンは性能面で優れているだけでなく信頼性も高く，現在まで，危惧されたような事故は起きていない．

再生冷却法の大きなメリットは，打上げ前に燃焼試験を行うことによってフライト用のエンジン性能を確認し，微調整することができることである．

b. アブレーティブ冷却

燃焼室の壁を繊維強化プラスチック（FRP）や炭素繊維強化プラスチック（CFRP）などの材料で作り，その壁の材料の一部を自ら犠牲にして構造体を護る方式を「アブレーティブ冷却法（Ablative Cooling）」と呼ぶ．燃焼室の内壁面が高温の燃焼ガス流れにさらされると，こうした材料の樹脂の部分が熱を吸収して溶融し，蒸発してガスを発生する．そのあとには多孔質の炭化した層が残る．発生したガスは炭化層の上に（比較的）低温の薄い層を形成して断熱効果を発揮する．炭化層は時間の経過とともに増大し，燃焼室壁のうち熱的・機械的に健全な未反応層が減少していくので，この冷却法は長時間の作動には耐えられない（図4.8）．

アブレーティブ冷却は再生冷却に比べて構造が簡単で信頼性に優れている．一方，燃焼が終了するまでの間，未反応層の部分だけでエンジン構造体の強度・剛性を保たなければならないので，全体の構造質量が大きくなる．飛行前に実機エ

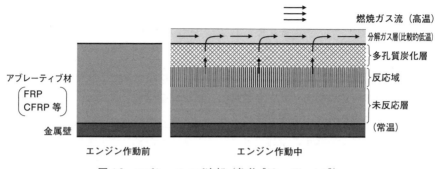

図4.8 アブレーティブ冷却（参考 [18 = Fig. 4-5]）

ンジンの燃焼試験を行うことができないこともデメリットになる．

こうした特色から，アブレーティブ冷却法は比較的小型の液体ロケットエンジンに用いるのが一般的である．しかし，（アメリカの）デルタ4型ロケットは大型であるが，その第1段液体酸素／液体水素エンジン（RS-68）にこの冷却を採用している．構造質量の増加というデメリットがあるにもかかわらず，単純な構造と高い信頼性を選択した結果である．この冷却法はまた，固体ロケットのノズルに多用される．

c. 放射冷却

放射冷却（Radiation Cooling）とは，高温になったノズルの外壁から熱が放射（輻射）する現象を利用してノズル壁を防護する手法である．熱放射の効果は（ノズル外壁面の）絶対温度の4乗に比例するので単純で効率のよい冷却法であるが，使用する材料の適用温度に注意する必要がある．

材料としては，ニオブ（Nb），モリブデン（Mo），タンタル（Ta）などの高融点材料の合金が使用されるが，これらの材料は高温になるに従って強度が低下するので，材料として使用できる限度はおよそ1,500℃以下に限定される．このうち，ニオブは耐腐食性と溶接性に優れているうえ，密度が低いので構造体として軽量に設計できるというメリットがある．英米では従来，コロンビウム（Cb）と呼ばれてきたため，今でもこの旧名称で呼ぶことがある．

放射冷却法は上段ロケットエンジンのノズル出口付近や衛星搭載用の小型エンジンなど，真空環境で作動するエンジンノズルに適した冷却法である．

4.5 エンジンサイクル

ポンプ式の推進薬供給方式を用いるエンジンでは,少量の推進薬による中・低温の燃焼ガスを用いてタービンを駆動してポンプを回す.このとき,タービンを駆動した後の燃焼ガスの処理方法により,エンジンの機能・性能に大きな違いが生じる.この供給システム全体のメカニズムを「エンジンサイクル」と呼ぶ.いくつかの方式があるが,ここでは開放型(Open Cycle)と閉鎖型(Closed Cycle)の中から,2つの代表的な方式に焦点を当て,液体酸素/液体水素エンジンを例にして両サイクルの特徴を考察する(図 4.9 参照).エンジンサイクル一般については [18] を参照のこと.

a. 開放型―ガス発生器サイクル―

ガス発生器サイクルは,推進薬の一部をガス発生器に送り,そこで発生させた中・低温(500 ~ 600 °C 程度)の不完全燃焼ガスによってターボポンプ(のタービン)を駆動する.駆動後のガスは捨ててしまう.捨てる推進薬量は,全推進薬の 3 ~ 4% 程度であり,その分,エンジン性能は(下記の)2 段燃焼サイクルに比べて劣る.

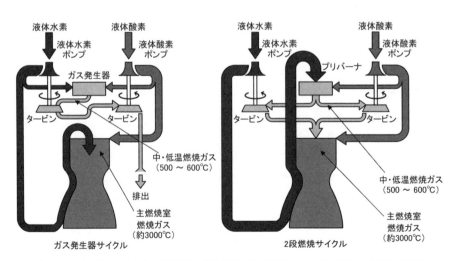

図 4.9　エンジンサイクルの機能図―液体酸素/液体水素エンジンの例―(参考 [41])

一方，技術開発の難易度の点からみると，ガス発生器サイクルは単純で，上流側の推進薬供給系と下流側の燃焼系（燃焼室とノズル）とが独立しているため，相互に干渉しない．それだけ開発リスクが低い．日本ではじめて開発に成功した液体酸素／液体水素エンジン（H-1 ロケット第 2 段の LE-5 エンジン）や欧州宇宙機関（ESA）の開発したアリアン 5 型ロケットの第 1 段エンジン，デルタ 4 型ロケットの第 1 段エンジン等，世の多くのエンジンはこの方式を採用している．

b. **閉鎖型**— 2 段燃焼サイクル—

2 段燃焼サイクルのエンジンは高い燃焼圧により高性能が得られるが，その反面，加工・製造の面で高度の技術を要する．それは，非常に高圧の回転機械（ターボポンプ）を必要とするのに加えて，下流側の流れ現象が上流側に影響を及ぼすためである．現在までに実用化された 2 段燃焼サイクルの液体酸素／液体水素のエンジンは，アメリカのスペースシャトルの主エンジンと日本の H-2 系ロケットの LE-7，LE-7A エンジンだけである．これらはいずれも燃料の水素を冷却剤に用いる．

一方，ロシアの開発した液体酸素／ケロシン・エンジン（RD-180）は液体酸素を再生冷却に用いる 2 段燃焼サイクルを採用したもので，アメリカのアトラス 5 型ロケットの第 1 段エンジンとして使用されている．

図 4.9 を参考にして，2 段燃焼サイクルを採用した液体酸素／液体水素エンジンの作動原理を示す．

① 液体水素ポンプによって昇圧された液体水素は，燃焼室（とノズルの一部）の壁面を冷却した後，全量がプリバーナ（予備燃焼室）に送られる．この過程で液体水素は加温され，気体（ガス）になる．
② 液体酸素ポンプで昇圧された液体酸素の大半は直接主燃焼室に送られるが，一部（少量）はさらに昇圧されてプリバーナに送られる．
③ プリバーナでは，大量の水素と少量の酸素が燃焼して中・低温で高圧の不完全燃焼ガスが発生する．これを液体酸素および液体水素のターボポンプに送り，それぞれのタービンを駆動する．
④ タービンを駆動してその役目を果たした不完全燃焼ガスは，その全量が主燃焼室に送られ，そこで，液体酸素のポンプから直接送られてくる液体酸素と混合して再び燃焼する．このように，2 段階で燃焼が行われるので 2 段燃焼サイク

ルと呼ぶ．

開放型（ガス発生器サイクル）のガス発生器および閉鎖型（2段燃焼サイクル）のプリバーナは，タービンを駆動するための燃焼ガスを発生させる"小燃焼室"で，その燃焼ガスは冷却装置を必要としない温度（500〜600℃程度）に抑えられている．

c. エンジンサイクルの比較

ガス発生器サイクルでは，タービンを駆動した後の不完全燃焼ガスは捨ててしまうので，ガスの圧力はタービンを駆動するのに必要なレベルで十分である．し

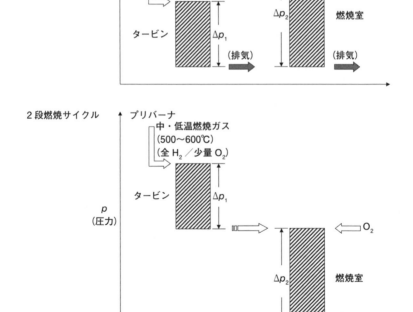

図4.10 エンジンサイクルの比較—液体酸素／液体水素エンジンの例—

たがって，ガス発生器から主燃焼室までの配管には低圧のガスが流れる．システムが単純で開発も運用も容易であるが，性能はやや劣る．

一方，2段燃焼サイクルでは，不完全燃焼ガスはタービンを駆動した後に主燃焼室に送られるので，タービン出口の圧力は主燃焼室の燃焼圧よりも高いことが要求される．つまり，プリバーナからタービンに送られる不完全燃焼ガス圧力は，タービン駆動に必要なガス圧力に燃焼室の圧力を加えた圧力（以上）でなければならず，非常な高圧となる（図4.10）．

また，配管系は高温高圧の流体を扱うため，インコネルのような（硬くて重い）超合金を使用する必要があり，製造に高度の加工技術が必要になるとともに構造質量が増える．ターボポンプを含めてエンジン開発の難易度はきわめて高くなる．

H-2 ロケット第1段エンジン（LE-7）は，わが国初の2段燃焼サイクルを採用したものであるが，その開発は困難を極めた．開発の途中で当初設計の推力を10％低下させたが，それでも試験中の爆発事故は何度も起きた．開発期間も予定より延びて，人身事故も経験した．運用段階に入った後にもエンジン故障により静止実用衛星の打上げに失敗した（1999年11月）．

第3章，表3.3に示したように，第1段ロケットエンジンにはとくに高い比推力は必要でない．当時，高温高圧の水素ガスを扱う技術が未熟であったとき，衛星ユーザを抱えた実用ロケットの第1段エンジンに，身の丈を超えた2段燃焼サイクルを採用したことが賢明な選択であったか否か，議論の余地が残るところである（注4.4, p.84参照）．

☆ 4.6 液体推進薬の特性

ロケットの推進薬として備えるべき特性には，熱化学特性，燃焼の性能・安全性など，多くの要求条件がある．主要な特性を要約すると以下のようになる．

① 液体としての密度が高い（比重が大きい）ことが望ましい．推進薬タンクの容積が小さくて済むため，ロケット機体構造の軽量化に貢献する．

② 高い沸騰点，低い凝固点，高熱伝導率，低い蒸気圧が望ましい．また，温度変化による物性値の変化は小さいこと．これらはタンク内での貯蔵中，燃焼室への移送中，および再生冷却の冷却剤として望まれる特性である．

③ 化学反応（燃焼）による発熱量が大きい，すなわち，燃焼温度が高いこと．燃

焼ガスの分子量が小さいこと．これはエンジン性能上の要求である．

④ 毒性がなく，爆発の危険性が低いこと．安全性に優れ，タンク・配管・バルブなどの構造材料との適合性が良好であること．

これらすべての条件を満足する理想的な化学物質は存在しない．現在用いられている推進薬は，ドイツの技術を受け継いだ宇宙先進国（アメリカと旧ソ連）によって開発され，多くのフライトで実証されてきたものである．

表4.1の「貯蔵性」とは，長期間の貯蔵・保管ができるか否かを示す特性で，取扱いの難易度を示す．ケロシンのように常温で長期間貯蔵ができるものを貯蔵可能推進薬（Storable Propellant）という．これに対して，液体酸素や液体水素のようにきわめて低い温度においてのみ液体であるものを極低温推進薬（Cryogenic Propellant）と呼び，長期間の貯蔵はできない．以下，代表的な液体推進薬の組合せ（酸化剤と燃料の組合せ）の特徴を示す．

a. 液体酸素とケロシン（RP-1）の組合せ

宇宙開発の初期から用いられてきた組合せであるが，エンジン性能（比推力）は中程度で，けっして高いとはいえない．しかし，液体推進薬の平均比重は約1.0と密度が高くなり，タンク容量は小さくて済むので，ロケット機体は比較的小型軽量になる．「液体酸素とケロシン」は第1段液体ロケットエンジンとして最適の組合せである．

酸化剤＝液体酸素 O_2

液体酸素は1気圧下で-183℃で沸騰する純粋酸素で，極低温液体の1つである．沸騰点温度での比重は1.14と高密度であり，腐食性も毒性もなく，優れた液体酸化剤である．燃料には液体水素，アルコール，ケロシン等が用いられ，このうち液体酸素とエチルアルコールの組合せはドイツのV-2号で使用された．また，タンクや配管に用いるアルミニウム合金やステンレス鋼などの金属材料との適合性は良好である．注意しなければならない点は，液体酸素に油脂などの有機物が混入し，これが衝撃を受けると爆発する危険性があることである．「液体酸素との適合性」について不明な材料や物質を扱う場合は，衝撃試験を行って安全性を確認しなければならない．また，液体酸素タンク内壁や酸素配管系内壁は清浄に保つ必要がある．油脂など異物の混入は（絶対に）避けなければならない．

表 4.1 主要推進薬の特性 (参考 [1 = Table 20.2], [18 = Table 8-1])

	酸化剤		燃料				
推進薬名	酸素	四酸化二窒素	水素*	RP-1 (ケロシン)	メタン**	ヒドラジン	非対称ジメチルヒドラジン (UDMH)	モノメチルヒドラジン (MMH)
分子式	O_2	N_2O_4	H_2	$CH_{1.95-2.0}$	CH_4	N_2H_4	$(CH_3)_2N-NH_2$	CH_3NH-NH_2
分子量	32.00	92.01	2.02	172〜175	16.04	32.05	60.1	46.07
凝固点 [°C]	-219	-11	-259	-44〜-53	-183	1.5	-57	-52
沸点 [°C]	-183	21	-253	172〜264	-162	113	63	87
比重	1.14 (沸点)	1.447 (20°C)	0.071 (沸点)	0.807 (16°C)	0.445 (-180°C)	1.02 (20°C)	0.611 (-45°C)	0.879 (20°C)
毒性	—	有毒	—	—	—		有毒	
貯蔵性	極低温	長期可	極低温	長期可	極低温		長期貯蔵可	
主要適合材料***	Al, SS, Ni, Cu	Al, SS, Ni	Al, SS, Ni	Al, 鋼, Ni, Cu	Al, 鋼, Ni, Cu		Al, SS	

*液体水素の取扱いには特別な注意が必要。気化した水素は、分子量が小さいため金属格子の間を通って貯蔵タンクから徐々に外部に抜け出ていく。したがって、他の極低温液体 (液化天然ガス) に比べて、長期間の貯蔵はできない。また、空気中の水素ガスの発火限界は4〜75% (容積比) と非常に広いので、水素が漏れると常に爆発の危険性が伴う。燃焼試験などの際、漏出した未燃焼の水素ガスを放置すると危険なので、これを集めて強制燃焼させるなどの対策が欠かせない。

**液化天然ガス (LNG) の主成分。LNG に含まれる成分とその比率は産地によって若干異なる。

***適合材料とは、液体推進薬と化学反応を起こす心配がなく、タンク、エンジン構造体、配管などに使用できる材料であることを示す。
Al = アルミニウム合金、SS = ステンレス鋼、Ni = ニッケル合金、Cu = 鋼

燃料＝ケロシン（RP-1）CH$_{1.95〜2.0}$

ケロシンは石油系の炭化水素で，取扱いが容易で安定した液体燃料である．凝固点と沸騰点の間の温度範囲が広く，常温で貯蔵できる．その化学組成と物性値は，原油や精製法の違いなどによって異なる．RP-1 はロケットエンジンのために精製されたケロシン燃料であり，比重は常温で約 0.8 である．なお，大型航空機のエンジンに広く用いられているジェット燃料は RP-1 と組成比率に若干の違いはあるが，同じケロシン燃料である．

b. 液体酸素と液体水素の組合せ

この組合せの推進薬を使用したエンジンの比推力はすべてのロケットエンジンの中で最も高い．が，その開発の難易度は非常に高い．酸素と水素が極低温液体で，取扱いが難しいためである．1960 年代初期，アメリカが上段エンジンとしてはじめて開発に成功し，旧ソ連，ヨーロッパ，中国，日本がこれに続いた．

NASA は 30 年以上前，スペースシャトルの主エンジン（第 1 段・第 2 段兼用）のために，2 段燃焼サイクルを用いた高圧・再使用型の液体酸素／液体水素エンジンを開発した．これに刺激を受けて，日本およびヨーロッパ（ESA）が同じ推進薬を用いた第 1 段大型エンジンの開発に進んだ．

酸化剤＝液体酸素 O$_2$

上述のとおり．

燃料＝液体水素 H$_2$

液体水素はロケットの全液体燃料の中で最も温度の低い極低温液体であり，同時に，優れた冷却剤でもある．沸騰点温度での比重が 0.07 と非常に軽く，また，1 気圧の下では -253℃ で沸騰する．あらゆる物質の中で分子量が最も小さく蒸発しやすいので，その取扱いが難しい．タンクの外表面には断熱処置を施すが，それでも，タンクの外からの入熱を通して液体水素の液温と内圧が上昇するので，蒸発ガスを外に放出（ベント）させる必要があり，液体水素の量は減少していく．また，ごくわずかではあるが，常温の気体水素分子はアルミニウムやステンレス鋼などの金属壁の中の分子間をすり抜けて外部に逃げていく．このため，液体水素を長時間貯蔵することはできない．また，液体水素レベルの極低温状態になると，金属材料によっては低温脆性により脆くなるものもあり，タンクや配管類の材料選定には注意が必要である．幸いにして，ステンレス鋼，アルミニウム合金，

ニッケル合金は水素との適合性がよく，問題は生じない．

　液体水素の取扱いで最も注意すべき点は，蒸発した水素ガスが空気中に漏れ出したときの対策である．付近に静電気などの火種があると，空気中の水素が容積割合で4％から75％までの広い範囲で爆発する．これを水素ガスの「発火限界」と呼び，他の可燃ガスに比べてその範囲がきわめて広い．それだけ危険性が高いので，取扱いには細心の注意が必要となる．燃焼試験設備や打上げ発射設備では，外気中に漏れ出た（放出された）未燃水素ガスを強制的に集めて燃やす装置を取り付けることが必須となる．

　従来わが国は，液体水素を取り扱う機会が少なく，極低温の液体から高温ガスに至る広い温度範囲にわたる水素の熱物性データをもっていなかった．このデータがなければ液体酸素／液体水素ロケットの開発はおぼつかない．一方，NASAは多くの資金と人材と時間を投入して膨大な水素の熱物性データを取得し，これを公開していた．日本が純国産の液体酸素／液体水素ロケットの開発に成功した要因の1つがこのNASAデータによるものであることは知る人ぞ知る，である．アメリカ以外，このような重要なデータを公開した国はない．

c. 四酸化二窒素とヒドラジン系燃料の組合せ―猛毒の液体推進薬―

　四酸化二窒素とヒドラジン系燃料の組合せは，液体酸素／ケロシンの組合せと同等のエンジン性能を発揮する．自燃性であるため，エンジン構造が単純になるうえ，液体密度が高く，推進薬の長期間保存が可能である，などのメリットをもつ．長年，軍事ミサイルに用いられてきたが，同時に，プロトン（ロシア）や長征（中国）などの宇宙ロケットの第1段エンジンにも用いられている．この組合せの推進薬は，表4.1に示したとおり，ステンレス鋼やアルミニウム合金との適合性は良好である．一方，この推進薬は酸化剤，燃料ともに毒性が強く，取扱いには特別の注意が必要になる．法律上の規制も厳しい．猛毒であるため，いったん事故が起きると大惨事を招くことがある．また，現場の作業者に対する健康管理にも細心の注意が必要であるなど，将来の宇宙ロケット推進薬として適正であるとはいえない．

酸化剤＝四酸化二窒素（N_2O_4）

　有毒な酸化剤であるが高密度（沸点における比重は1.44）で，ヒドラジン系燃料と組み合わせて自燃性の液体推進薬として用いられる．ただし，凝固点が−11

℃と比較的高いので，凍結を防止する対策が必要になる．

燃料＝ヒドラジン系燃料

「ヒドラジン」，「非対称ジメチルヒドラジン（UDMH）」，「モノメチルヒドラジン（MMH）」の3種類がある．いずれも安定した液体であるが，毒性が強く発がん性もあるので，取扱いには特別の注意が必要になる．多くの物質と反応するので，タンクや配管の内部は清潔に保たなければならない．

① ヒドラジン（N_2H_4）は触媒を用いて分解すると比較的低温のガスを発生する．これを推進力として利用したものが1液式のガスジェット装置で，ロケットや衛星の姿勢制御用に多用される．エンジン性能は低いが単純なオン・オフ（On-Off）方式の低推力の発生装置として長期間運用できる．ただし，凝固点が1.5℃と高いので，宇宙空間で長時間使用する場合，凍結を防止するためのヒータを取り付けるなどの対策が欠かせない．

② 非対称ジメチルヒドラジン（UDMH：$(CH_3)_2N\text{-}NH_2$）は凝固点が-57℃と低く，ヒドラジンより安定した液体燃料である．四酸化二窒素との組合せは第1段液体ロケットに適した推進薬であり，これまでに多用されてきた．また，25%または50%のUDMHをヒドラジンと混合した燃料も用いられる．毒性が強いため，新しい大型ロケットに使用するケースは少なくなってきている．

③ モノメチルヒドラジン（MMH：$CH_3NH\text{-}NH_2$）の毒性はヒドラジン系燃料の中で最も強いが，UDMHと同様に安定した液体である．小型のロケットエンジン（スペースシャトルの軌道変更用エンジンなど）の燃料として用いられてきた．

d. 液化天然ガスの将来性

低密度の液体水素を燃料とするロケットは，優れたエンジン性能をもつが，タンク容積と構造質量が大きくなるため構造性能が悪い．一方，高密度のケロシンを燃料とするロケットは優れた構造性能をもつが，エンジン性能は劣る．そこで，液体水素（比重0.07）とケロシン（比重0.81）の中間にある液化天然ガス（LNG；比重0.45）をブーストフェーズ用（第1段）のロケット燃料に採用するアイディアが生まれ，液体酸素／LNGエンジンの開発を競った時期がある．しかし，LNGは極低温液体であるため，取扱いが容易ではない．また，ロシアで得られた試験データによると，このエンジンの性能は期待したほど高くならないことが確認された．結局，エンジン性能と構造性能を合わせたロケット全体の予想性

能は，第1段用としてはケロシンに及ばず，第2段用としては液体水素に及ばない，というレベルであり，実用化に至っていない．

JAXAは，民間会社との共同出資により中型宇宙ロケットの第2段にLNGを採用したエンジンの開発を進めていたが，2010年，この計画そのものが政府の方針変更により中止された．一方，LNGは，宇宙空間での貯蔵性や安全性に優れた特性をもつため，将来の月探査・惑星探査用小型エンジンのための推進薬として有望であるとの見方があり，JAXAは，この方面での実用化を目指して液体酸素／LNGエンジン技術の研究開発を進めている模様である．

☆ 4.7 無効推進薬について

ロケットに搭載された液体推進薬は，その全量（100％）を推進力発生に寄与させて消費し尽くしたいところであるが，それは不可能である．下記に示すとおり，若干量の推進薬が無効になるのはやむをえない．

① 蒸発　　液体推進薬の一部は，リフトオフ前にタンクに充填された直後からロケットの飛行中に蒸発し，蒸発した気体はタンク上部のベントバルブを通して放出される．極低温推進薬，とくに液体水素の蒸発量は非常に多い．

② ガス吸込み防止　　エンジン燃焼の終盤において，残量が少なくなった状態で液体推進薬をそのままタンクからエンジンに送り続けると，やがて，タンク底部の出口付近での渦の発生や液面の揺動により，推進薬供給系の配管にタンクの加圧ガスが吸い込まれる．すると，ターボポンプの空回りや異常燃焼が起きてエンジン損傷を招く．これを避けるため，酸化剤と燃料の両タンク底部の少し手前の壁面に「レベルセンサ」を設置し，どちらか一方のセンサが液面通過を検知したとき，推進薬の供給を止めてエンジン作動を停止する．これが「枯渇による燃焼停止」である．なお，第2段（上段）ロケットの場合は，通常，液面がこの枯渇ラインに達する前に，誘導指令（第8章参照）によりエンジン作動を停止する．いずれの場合も，タンク内と配管類に少量の推進薬が残される．

③ 第1段ロケットの燃料バイアス　　第1段ロケットエンジンは，「枯渇による燃焼停止」を原則とするが，酸化剤と燃料のうち，必ず酸化剤の枯渇によって燃焼を停止させる．なぜなら，もし，燃料が先に枯渇して酸化剤（とくに液体酸素）だけが（火種の残る）燃焼室に入り込むと，酸化剤は周囲の金属構造物と急激な

燃焼反応を起こして異常燃焼するためである．こうした危険性を排除するため，燃料タンクには，あらかじめ適正量よりも多め（プラスα）の燃料を充填しておく．これを「燃料バイアス」という．これも無効推進薬となる．

④ 第2段（上段）ロケットの予冷　　第2段液体ロケットエンジンは，リフトオフからかなり長い時間が経過した後に点火される．加えて，再着火することが多いので，稼働（燃焼）しない状態で待機する時間が非常に長い．このため，とくに，極低温推進薬を用いるエンジンの場合，点火（着火）直前の短い一定時間，一定量の推進薬を配管系に流してエンジンおよび供給系の配管類をあらかじめ冷却してターボポンプ内に気化したガスが流入することを防ぐ．この「予冷」のため，無効推進薬が発生する．

⑤ 無効推進薬の量　　過去のフライト結果から概算すると，H-2およびH-2Aの第1段ロケットに搭載された液体酸素／液体水素のうち，「無効推進薬」は1.2〜1.3％程度であった．H-2Aロケット第1段の推進薬量は約100トンであるため，無効推進薬量は1.2〜1.3トンに上る．H-1ロケット第1段の推進薬は液体酸素／ケロシンで，その無効推進薬は約0.7〜0.8％であった．液体酸素／液体水素ロケットの無効推進薬量は非常に多いことがわかる．

推進薬の選択に際しては，この無効推進薬量について十分考慮に入れる必要がある．とくに，液体酸素／液体水素エンジンを採用する（近未来の）宇宙ロケットの性能計算をする際，1.5％程度の無効推進薬を想定する必要があろう．

第4章で参考にした主な文献；[17]，[18]，[19]，[20]，[21]，[31]

2. 怖いロケット燃料の話

　一般にロケットの燃料と呼ばれるものは酸化剤と燃料を合わせた推進薬（または推進剤）を意味する．宇宙ロケットに用いられる液体推進薬にはいくつかの組合せがあり，それぞれに長所と短所があるが，なかでもヒドラジン系推進薬は非常に特殊な推進薬である．ここで，ヒドラジン系推進薬とは四酸化二窒素（酸化剤）と3種類のヒドラジン系燃料の組合せのことを指す．

　この推進薬は「自燃性」（注4.1, p.83参照）という優れた特性をもつとともに長期

間保存が可能で良好な推進性能を発揮するので，宇宙開発の初期の頃から多くのロケットに使用されてきた．最近，北朝鮮のロケット（ミサイル）発射の際，マスコミの報道が賑やかで，その推進薬のことも話題に上ったので，記憶に残っている人も多いであろう．そのとき，繰り返し報道されたことは，ヒドラジン系推進薬は腐食性が強いのでタンクに注入した後は長時間保管できない，というものであった．最大で72時間と限定した解説者もいたが，これは間違いである．

ヒドラジン系推進薬は貯蔵性のよい推進薬であり，相当長期間の保管が可能である．当然，タンクが推進薬との適合性の良いステンレス鋼やアルミニウム合金製であって充塡前のタンク内が清浄（クリーン）であれば，の条件付きではあるが．かつて，アメリカ空軍のミサイル，タイタン2型ICBM（大陸間弾道弾）はこのヒドラジン系推進薬を搭載したまま，長期間サイロで待機していた．また，人工衛星に搭載されて軌道修正や姿勢制御のために用いられるガスジェット（またはスラスタ）は，ヒドラジン（燃料）を使用する1液式エンジンであり，これは数年間あるいはそれ以上の間，宇宙空間で稼働する．

酸化剤の四酸化二窒素とヒドラジン系燃料は，アルミニウム合金製やステンレス鋼製のタンクの内面が清浄である限り，こうした金属材料との適合性も良好である．つまり，推進薬は分解もせず，タンク材料の腐食も起きない．

上述のとおり，この推進薬は非常に優れた特性をもつが，一方で，毒性がきわめて強いため取扱いが難しく，万一事故が起きた場合の被害が格段に大きくなる，という欠点をもつ．現在，ロシア，中国，インドの宇宙ロケットで使用されているが，世界的に見て，使用例は少なくなってきた．直接の要因はその猛毒性にある．

事故の一例を記す．1996年2月，中国の長征（Long March）3B型ロケットは，リフトオフ直後，「インテルサット衛星」を搭載したまま西昌宇宙センター近くの村落に墜落して多数の死傷者を出した．誘導制御系の不具合が原因とされるが，第1段液体ロケットのヒドラジン系推進薬が満タンに近い状態で近隣の村落に墜落したため，その被害がきわめて広い範囲に及んだものと考えられている．宇宙開発史上最悪の事故といわれるが，詳細は公表されていない．

【注】

注4.1 **自燃性**（Hypergolic）：酸化剤と燃料が接触するとただちに燃焼し始める推進薬の特性を自燃性（じねんせい）と呼び，エンジンの燃焼室に点火装置を必要としない．四酸化二窒素（N_2O_4）とヒドラジン系燃料の組合せがこれにあたる．点火装置を必要としない分，エンジンは単純なシステムになる．

注4.2 **化学種**（Chemical Species）：原子，分子，イオン，ラジカル（遊離基）など，

化学反応に関与する要素粒子のことで，化学式で表される．体積や質量によらない物性値・特性値をもつ．たとえば，NaClを水に溶かすと，そこにはNaClという化学物質（分子）ではなく，Na^+とCl^-というイオンの化学種が存在することになる．H，H_2，OH，H_2O，CH_3-（メチル基）なども化学種である．

注4.3　**境界層**（Boundary Layer）：実在の流体（液体と気体）は，平らな，あるいは（ゆるやかに）湾曲した物体表面を流れるとき，その表面に付着して流れる性質をもつ．コアンダ効果（Coanda Effect）と呼ばれる現象である．このとき，流体のもつ粘性の影響を受けて物体表面上に境界層が形成される．境界層内の流速は物体表面上でゼロとなり，表面から離れるに従ってしだいに大きくなり，境界層の縁では一様流の速度とほぼ同じになる．ここで，一様流とは物体表面から見て無限遠の流れである．レイノルズ数（慣性力／粘性力）が非常に大きくなるとき（一般の航空機の飛行条件に相当するとき），この境界層はきわめて薄くなる．つまり，粘性の影響は非常に薄い境界層内に限られる．この境界層理論は，ドイツのプラントル（L. Prandtl）が1904年に導入したもので，その後の近代流体力学の確立と航空宇宙科学の発展に大きく貢献した．図4.11は一様流の中に置かれた平板上の粘性流れ（2次元流れの例）を概念的に示したものである．

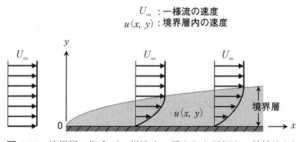

図4.11　境界層の概念（一様流中に置かれた平板上の粘性流れ）

注4.4　**2段燃焼サイクル**：スペースシャトルの主エンジン（再使用型）について，1981年の初フライト後の長い間，NASA関連の技術者はその運用上の難しさに閉口していた（エンジンサイクルの問題に加えて，再使用に伴う運用の問題も大きかったようであるが）．日本がH-2ロケット第1段エンジンの開発を決めた当時，日本が欧米諸国から"Japan as Number One"などとおだてられていい気になっていた時代背景を考慮すれば，基礎技術の蓄積もないときに世界最高の技術を求めた方針にはやむをえない側面があったことは否めない．しかし，エンジン開発の過程で強いられた技術者の犠牲とその後の飛行実績はわが国の技術開発史の教訓として銘記すべき事実であろう．

5. 固体ロケット

☆ **5.1 固体ロケットの仕組み**

固体の推進薬を使用するロケットが固体ロケットであり，古い歴史を有する．固体ロケットモータ（Solid Rocket Motor）または単に固体モータと呼ぶこともある．

固体微粒子状の酸化剤と燃料に高分子樹脂（結合材）を加えて混合した後，モータケース内に鋳込み，硬化させて製造する．モータケースは薄肉の容器で，小型の場合は球形，大型の場合は上下両端の半球（ドーム）を長い円筒でつなぐ．推進薬の中心部を中空にし，この表面に着火して燃焼させる．発生した高温高圧の燃焼ガスをモータケースに連結されたノズルで膨張・加速し，超音速噴流として排出して推進力を得る．

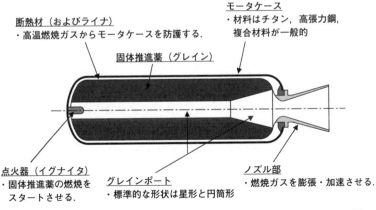

図5.1 固体ロケットモータの構造（参考 [17 = Fig. 6.1], [18 = Fig. 11-9]）

固体ロケットは，図 5.1 に示したように，モータケース，推進薬（Grain：グレイン），点火器，断熱材（とライナ），およびノズルから構成される．液体ロケットに比べて構造が比較的簡単で部品点数も少なく，取扱いが容易である．しかし，最近の大型固体ロケットの構造はノズル付近でかなり複雑になっている．

a. 大 推 力

液体ロケットと固体ロケットの大まかな比較は既に第 3 章の表 3.1 に示した．固体ロケットは，推進薬を充填したまま長期間保存できる，必要に応じて短期間の準備作業で打上げが可能になる，発生推力が大きい，などの長所がある．液体ロケットに比べて推力が大きいということは，同じ推進能力（総推力）をもつロケットで比較するとき，固体ロケットの燃焼時間が短いことを意味する．固体ロケットは宇宙ロケットの大型ブースタから小型ロケットに至るまで，幅広い用途がある．小型の固体ロケット飛翔体は，気象観測や微小重力実験などのために広く利用されている．

b. 推進薬密度

固体ロケットの長所は推進薬の密度が高いことで，宇宙ロケットの第 1 段液体ロケット（とくに，推進薬密度の低い液体酸素／液体水素ロケット）の弱点を補うため，補助のブースタとして用いることが多い．大きな発生推力と高い推進薬密度はブーストフェーズに適したロケットの条件である．

c. 固体ロケットの弱点

固体ロケットは，液体ロケットに比べてエンジン比推力が低く，また，いったん着火すると燃え尽きるまで燃焼を中断することができない，などの弱点をもつ．再着火もできない．また，固体ロケットのノズルは通常，モータケースに固定されるため，推力の方向を任意に変更して機体の姿勢を制御することは難しい（難しかった）．

NASA は 30 年以上前，スペースシャトルの大型固体ロケットブースタのためにノズル部を可動型にした推力ベクトル制御方式を実用化した．わが国においても，旧宇宙科学研究所（ISAS）および旧宇宙開発事業団（NASDA）が同じ方式の姿勢制御方式を開発した．現在，可動ノズルによる推力ベクトル制御法は一般

的になっている．

☆ 5.2 モータケース

a. モータケースの材料

モータケースは固体推進薬の貯蔵容器であると同時に燃焼室である．構造体としては，燃焼圧力に耐荷する圧力容器であるとともに，推力をコア機体または上段に伝達する機能をもつ．モータケースの材料は，高い比強度（引張り強さ／比重）と高い剛性をもつことが要求される．従来，高張力鋼やチタン合金などの金属材料が主流であったが，最近は，軽量化のために複合材料を用いるケースが多くなってきた．

(1) 金属材料

金属材料のメリットは，複合材料に比べると比較的高温まで使用できるので，モータケース内の断熱材の厚さが薄くて済む．また，集中荷重を伝える部分は板厚を増すことによって対応できる．大型固体ロケットのモータケースには，加工性やコストの面を考慮して，高張力鋼が多用された．チタン合金は比強度と耐熱・耐食性に優れているが加工性とコストに難があり，構造性能の要求の厳しい上段用の小型ロケットに使用されたが，大型ロケットには用いられない．

(2) 複合材料

炭素繊維強化プラスチック（CFRP）などの複合材料は金属に比べて比強度が高いので大型ロケットのモータケースの軽量化に貢献する．一方で，熱に弱く，高温耐性（使用可能な温度範囲）は金属に比べてかなり低い．現在多用されるエポキシ樹脂系 CFRP は，ガラス転移点温度（注 5.1, p.97 参照）が $100 \sim 150$ ℃と低いため，この温度範囲を越えると強度特性が低下して構造体として役に立たない．また，剛性が低いため高圧燃焼するとき，モータケースが膨らむというデメリットもある．集中荷重への対応が難しいことも弱点となる．

b. 断熱材とライナ

モータケースは燃焼室であり，その内側は燃焼ガスにより高温・高圧になる．このため，モータケースへの熱伝達を制限してその温度上昇を抑えるため，推進薬とモータケースの間に一定の厚さの断熱材を入れる．モータケースと断熱材の

間にライナ (Liner) を貼り付けて，両者の接着をより強固にすることもある．

断熱材とライナには難燃性で熱伝導率が低く，接着性のよい合成ゴムなどの高分子材料が用いられる．固体推進薬，断熱材，モータケース内側の各層の間に隙間ができると，そこから火炎が進入して異常燃焼を誘発する可能性が大きくなるため，ライナには良好な接着性が要求される．ただし，接着性の優れた断熱材が実用化されたため，最近の固体ロケットにはライナを用いない場合が多い．

c. 点火装置

複数のタイプがあるが，代表的なものは「火工品」型の点火器である（図 5.2）．電気による発熱を利用して起爆させると1次点火薬，次いで主点火薬が燃焼し，その燃焼ガスの噴出によって固体ロケット本体はグレイン表面から燃焼を開始する．通常，点火器はモータケース頭部に取り付けるが，小型の固体ロケットでは，構造性能を上げるためノズル付近に取り付けることもある（火工品については第7章参照）．

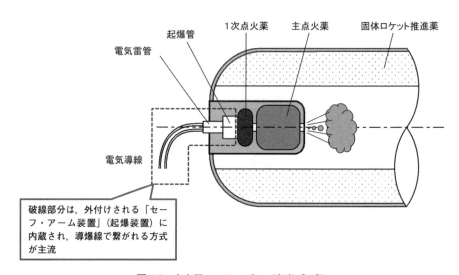

図 5.2　点火器のメカニズム（参考 [62]）

5.3　固体ロケットのノズル

a.　ノズルの材料

固体ロケットの燃焼ガスは，燃焼室内で3,000 °Cを超える高温となる．しかも，ガスの中には（ノズル壁に対する）侵食作用の強いアルミナ（Al_2O_3）が含まれている．そこでノズルは，その各位置の熱環境に応じて複数の複合材料（CFRP，GFRPなど）を組み合わせて製造し，アブレーティブ冷却（第4章，図4.8参照）によってノズル構造体を燃焼ガスから防護する．

とくに，熱伝達量が最大となるスロート部では高温強度に優れ，侵食に強いグラファイトやカーボン・カーボン（母材の炭素と強化剤の炭素繊維で構成された複合材料）などを用いる．材料特性については第6章を参照していただきたい．

ノズル内壁の表面は燃焼ガスと（高温液滴の）アルミナの侵食作用を受けて，時間とともに磨耗し，断面積が拡大する．燃焼終了時の内壁の表面は凸凹になっている．

複合材料でできたノズル壁は，燃焼終了後も一定の厚さの未反応層を残し，構造体としての強度・剛性を保たなければならない．一般に，侵食の影響を最も強く受けるスロート部の断面積増加は最大で5%以下に抑えることが望ましい．

こうした激しい燃焼特性から，固体ロケットのノズルは円錐形状とするのが一般的であるが，構造体の質量増を抑えるため，膨張比は余り大きくできない．したがって，固体ロケットのエンジン比推力は液体ロケットに比べて劣る．

新しい固体ロケットのノズルを設計する際は，何度も燃焼試験を実施して，ノズル壁の磨耗データを詳細に分析・評価しなければならない．H-2Aロケット6号機の打上げ失敗（2003年11月）は，固体ロケットブースタ（SRB-A）の開発試験における磨耗の評価が不十分であったことによる．

b.　可動ノズル

現在の大型固体ロケットは，姿勢制御のため，可動ノズルによる推力ベクトル制御法を用いる．この可動ノズル方式の（2次元の）原理を図5.3 a）に示した．金属板と合成ゴム（弾性体）を積み重ねて積層構造体を作り，これをノズル外壁とモータケースの間に挟み込んで，アクチュエータによってノズル壁を動かすも

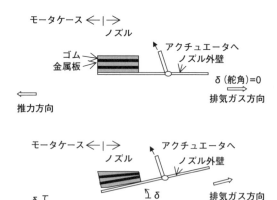

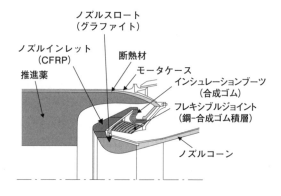

a) 可動ノズルの原理（2次元モデル）

b) 固体ロケット可動ノズル部の構造
—H-2ロケットSRBの例—

図 5.3　固体ロケットの可動ノズル（参考 [41]）

のである．実際は，積層構造体をノズル外壁の周囲に取り付け，直交する2軸方向のアクチュエータを作動させてノズル本体の首振り運動をさせる（図5.3 b)）．

☆ 5.4　推進薬と推力パターン

固体ロケットの推進薬は，大別してダブルベース推進薬とコンポジット推進薬

に分類される．ダブルベース推進薬は，ニトロセルロースとニトログリセリンを主成分とするもので，燃焼ガスが無煙であるため多くは軍用に使われる．最近は安全性の問題もあり，宇宙用には使われない．

コンポジット推進薬は，酸化剤と燃料（金属）の微粒子を高分子樹脂の結合材（バインダ）で練り固めた後に硬化させたもので，燃焼ガスは煙の発生を伴うが，燃焼性能と安定性に優れる．現在，大型ロケットブースタ，小型のロケットともにコンポジット推進薬を用いる．

a. コンポジット推進薬
(1) 酸化剤

過塩素酸アンモニウム（Ammonium Perchlorate，AP：NH_4ClO_4）は，多くの酸化剤の中で性能，安定性，加工性，コストの点で最も優れている．酸化剤の要件である酸素含有率が約55％と高く，微細粒子（5～15 μm）から粗粒子（400～600 μm）までの様々な大きさの微粒子からなる．その配合割合で燃焼特性が決まるが，粒径の小さな粒子の割合が多くなるに従って燃焼速度は速くなる．過塩素酸アンモニウムの微粒子は発火・爆発しやすい性質をもっているのでその取扱いには注意が必要である．

(2) 燃料（金属微粒子）

コンポジット推進薬の燃料として金属の微粒子（粉末）が用いられる．いくつかの金属粒子の中で，アルミニウム粉末（Al）は燃焼の性能・安定性，安全性，コストの面で最も優れている．粒子は直径10～50ミクロン（μm）程度の球形である．その粒径は燃焼速度に影響を与え，粒径が小さくなるに従って燃焼速度は徐々に増加する．

アルミニウム粉末は，燃焼によりアルミナ（Al_2O_3）の微粒子を形成する．アルミナ粒子（融点は2,054 ℃）は燃焼室内では液体であるが，ノズル出口から排出された後は固体の塊になる．排気ガスに含まれるアルミナは質量割合で30％程度に上る．

(3) バインダ

バインダ（結合材：Binder）とは合成ゴムを主体とした高分子樹脂で，酸化剤と燃料（金属微粒子）を練り固めるための結合材である．同時に燃料の一部でもある．バインダには，安定した燃焼特性に加え，貯蔵から燃焼の過程における温

度変化および様々な荷重に耐えるなど，熱および強度特性に優れていることが要求される．加えて，加工上の難易度，貯蔵性などがバインダ選定のポイントになる．

現在多用されるバインダはポリブタジエン系の高分子樹脂である．中でも「末端カルボキシル基ポリブタジエン（CTPB）」および「末端水酸基ポリブタジエン（HTPB）」が一般的であるが，この2つの中では安定性，性能，コストの面からHTPBの方が優れている．バインダには，燃焼速度を調整するため，また，保管中の推進薬の酸化を防止するため，微量の添加剤が加えられる．

b. 推進薬の組成

コンポジット推進薬は，良好な燃焼性能とともに構造体としての機械的強度をもつことが求められる．そのため，推進薬全体に占める固体物質（酸化剤と燃料）の質量割合は84〜90%の範囲でなければならない．結果，バインダと添加剤は，合わせて10〜16%に限定される．代表的なコンポジット推進薬（Al，AP，HTPB）について，その組成比率の目安を示す．

燃料	アルミニウム（Al）	14〜18%
酸化剤	過塩素酸アンモニウム（AP, NH_4ClO_4）	70%前後
バインダ	末端水酸基ポリブタジエン（HTPB）	10〜16%
添加剤		0〜2%

c. 推進薬の断面形状と推力パターン

上記の原料を混合して練り上げて流動状になったものを，（あらかじめ断熱材やライナを貼り付けておいた）モータケース内に流し込む（鋳込み作業）．一定時間が経過して推進薬が硬化した後，固体ロケット（またはそのセグメント，後述）ができあがる．この過程で推進薬の中に割れ目や隙間ができると，燃焼中，その隙間に火炎が入り込んで燃焼面積が急激に拡大して異常燃焼が起きる．その結果，燃焼圧力が急上昇してモータケースの破損に至る可能性が大きくなる．そのため，鋳込み作業は真空中で行われる．

固体ロケットの製造工程を図5.4に示す．中子(なかご)は，推進薬（グレイン）の真ん中に中空の空間を設けて燃焼開始の表面を作るための治具（Jig）である．

できあがった推進薬はグレインと呼ばれる粘弾性体である．見かけは砂消しゴ

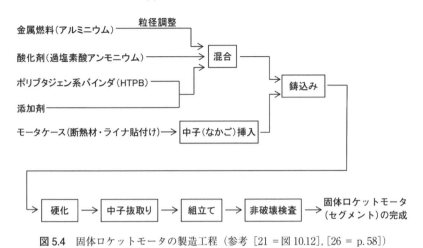

図 5.4 固体ロケットモータの製造工程（参考 [21 = 図 10.12], [26 = p.58]）

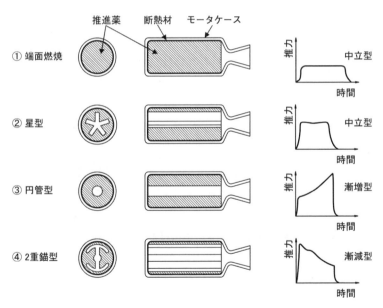

図 5.5 推進薬形状と推力パターン（参考 [18 = Fig. 11-15], [20 = Fig. 12.17]）

ムによく似ている．このグレインは構造体としての一体性を保つことが重要であり，保管中，地上輸送およびフライト中に受ける荷重によって変形，あるいは破壊してはならない．また，長期間の保管中に経年劣化によりグレインが変質して

推進性能が低下するが，その劣化の進行は遅いことが望ましい．化学物質の経年変化を考慮して，固体ロケットは製造後数年（最近は，さらに長期）の有効期限を設けて厳格に管理する．固体ロケットの燃焼はグレインの真ん中に設けた中空部で開始され，しだいに外側に拡がり（モータケースの内壁の）断熱材のところで終了する．

発生した高温高圧の燃焼ガスは中空部からノズルを通して排出される．その中空部表面の形状によって，推力の時間特性である「推力パターン」が決まる．推進薬断面形状と推力パターンを図 5.5 に示す．グレインの断面形状を変えることにより任意の推力パターンを実現できることは固体ロケットの優れた特性である．

☆ 5.5 製造と組立て

a. セグメント組立てと一体組立て

小型の固体ロケットモータは推進薬の充填効率のよい球形またはそれに近い形状とする．大型の固体ロケットは長い円筒形状となるが，製造上および地上運搬の都合から，分割して複数の「セグメント」に分けて製造することが多い．この場合，グレインの断面形状はセグメントごとに異なった形状に設計することができる．複数のセグメントは発射場でフランジまたはクレビス（Clevis：U字型結合）方式により結合する．

一方，H-2A ロケット SRB-A のように，一体型で製造する手法があり，製造段階で鋳込み作業が大がかりになるが，打上げのための整備作業は容易になる．

b. 上段用および下段用固体ロケットの構造性能

上段用ロケットは限界ぎりぎりまでの軽量化が求められる．チタン合金製のモータケースを用いた小型固体ロケットでは，過去，推進薬充填率が約 95% という高い構造性能をもつものも現れた．これは市販の缶ビールに近い構造性能である．

一方，大型の固体ロケットブースタについては，第 6 章で示すように，そのペイロード搭載能力に対する構造軽量化の貢献度は上段に比べて 1 桁程度は落ちる．このため，構造質量の軽量化のために上段ほど努力する必要がない．通常，上段用固体ロケットに比べて構造性能は大幅に劣る．

5.6 大型固体ロケットのシステム

大型固体ロケットの実例として，H-2 ロケット用 SRB および H-2A ロケット用 SRB-A の構成概要を図 5.6 に示す．また，SRB-A の燃焼試験時の様子を図 5.7 に示す．固体ロケットブースタは，第 1 段機体の周囲に取り付け，発射直後のブーストフェーズにおいて液体ロケットエンジンを補助する役割をもつ．燃焼時間は第 1 段エンジンに比べてかなり短い．

H-2 ロケット SRB は，開発当時わが国最大の固体ロケットであり，4 個のセグメントは発射場で（フランジで）結合され組み立てられた．H-2A ロケットの SRB-A は，一体型構造である．日本ではじめて採用した CFRP 製のモータケースは，アメリカからの技術導入（ライセンス生産）によって製造している．

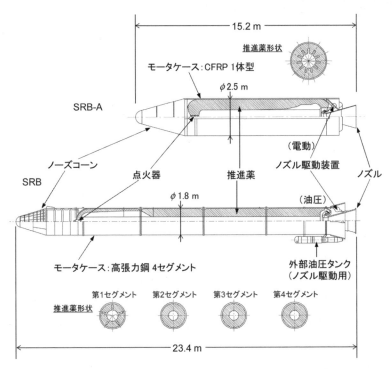

図 5.6 日本の大型固体ロケット— H-2 ロケット SRB と H-2A ロケット SRB-A —
（参考 [41], [51]）

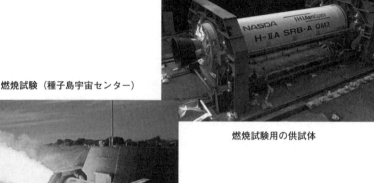

燃焼試験（種子島宇宙センター）

燃焼試験用の供試体

図 5.7　SRB-A 固体ロケットブースタ（出典：JAXA）

5.7　固体ロケットと環境問題

a.　酸　性　雨

　コンポジット推進薬は大量の過塩素酸アンモニウムを含む．このため，燃焼ガスには塩化水素（HCl）が含まれ，これはノズルから排出された後に大気中の水分に溶解して塩酸になる．その量が多いときは酸性雨が発生して周囲の環境に悪影響を及ぼす．かつて旧ソ連のメディアが，こうした理由により，アメリカのスペースシャトルは大気汚染の元凶である，と非難したことがある．

　随分前の話になるが，アメリカ航空宇宙学会が全世界のロケット打上げに伴う大気環境への影響を評価したことがある．結果は，打上げ頻度がその当時のレベルである限り，その影響は狭い地域に限られるというものであった．現在の打上げ頻度は当時とあまり変わらないとみてよいが，将来，これが桁違いに増加する場合には，グローバルな環境問題として見逃せない事態を招来することになろう．

b. 宇宙ゴミの問題

現用の固体ロケットからは，相当量（排出ガスの約 30％）のアルミナ（Al_2O_3）が小さな固体塊となって排出される．これは宇宙空間の軌道上では大きな問題となる．

初期の頃，実用衛星を低高度地球周回軌道（LEO）から静止トランスファ軌道（GTO）に投入するとき，また，GTO から静止軌道（GEO）に投入するとき，増速のために固体ロケットが頻繁に用いられた．衛星の姿勢を安定させる目的で宇宙ロケットの「上段固体ロケットと衛星」にスピンをかける超小型の固体ロケットも使用された．

このような固体ロケットから宇宙空間に排出された大量のアルミナの固体塊は軌道上に残され，これがいわゆる「宇宙ゴミ」（注 5.2）の一部となった．現在は一般に，上記の目的のためのロケットとして液体ロケットが用いられるので，その点，アルミナによる宇宙環境の悪化はないと考えてよい．

第 5 章で参考にした主な文献；[17]，[18]，[20]，[21]

【注】

注 5.1　**ガラス転移点温度**：プラスチックは低温では硬いガラス状固体であるが，加熱を続けると，ある狭い温度範囲で急に流動性が増して軟質のゴム状になる．この状態の変化がガラス転移であり，この変化の起きる温度をガラス転移（点）温度と呼ぶ．このように高分子化合物は，融点と沸点の他にガラス転移点をもち，この温度より高温になると強度部材としての機能を失う．

注 5.2　**宇宙ゴミ**（Space Debris；スペースデブリ）：スペースデブリの大半は，衛星軌道上に残された（液体，固体の）上段ロケット機体（燃え殻）や寿命の切れた衛星などが長い年月の間に太陽熱を受けて劣化・破壊した，大小様々な破片である．これらの破片は，自然の法則によってはじめは元の軌道上を飛行するが，微小外力（摂動力，第 10 章参照）の影響を受けて少しずつ軌道を変え，全体としては，全方向に地球を覆う状態となっている．低高度の破片は希薄大気のため一定期間後には大気圏で消滅するが，高度が上がると相当期間または半永久的に地球を周回飛行するので，多くの衛星や有人宇宙活動にとって危険な存在になりつつある．

中国は 2007 年，ミサイルにより自国の衛星を爆破する軍事実験を実施して何千何万という新たな破片を作り出した．2009 年には，アメリカとロシアの（寿命の尽きた）通信衛星が衝突した．現状，直径 10 cm 以上の破片の数は 2 万個程度，1～10 cm の破片は

50万〜60万個，直径1 cm以下の小さな破片に至っては数百万個以上ともいわれるが，正確な数はわからない．直径約10 cm以上の破片については，宇宙ロケット上段の機体（燃え殻）や稼働中の衛星を含めて，その軌道の状況をアメリカ空軍が専用施設により常時監視している．

　国によっても違うが，現在は，宇宙ロケット上段が液体ロケットの場合，軌道に乗った液体ロケットタンクに残留した推進薬が太陽熱により爆発することを避けるため，これを強制的に排出してタンクを空(から)にするのが一般的である．JAXAでは20年以上前の（旧NASDA時代の）H-1ロケットから，こうした無害化措置を実施している．

6. ロケットの構造と材料

☆ 6.1 宇宙ロケットの骨格

　構造力学や材料力学の話に入るためには，耳慣れない専門用語も使わなければならないので，本章に出てくる用語をやさしいコトバで理解しておきたい．

　　荷重＝構造体に加えられた外力のことで，負荷される形態により「引張り荷重」，「圧縮荷重」，「せん断荷重」，「曲げ荷重」等がある．
　　応力＝荷重を受けた物体内部に生じる（単位面積当りの）抵抗力のこと．
　　強度＝荷重に対して物体が耐える能力のこと．「構造強度」と「材料強度」がある．
　　剛性＝荷重に対して物体の変形しにくい性質．柔軟性の反対語である．

a. 構造システムの役割

　宇宙ロケットは，衛星をはじめエンジン，推進薬タンク，フェアリングなどの構造体，誘導制御や計測通信のための電子機器，さらに大量の推進薬を搭載して飛行する．ロケットの構造システムは，人間の骨格に相当するもので，主として次の3つの役割を受けもつことになる．

① 推進薬を含め，すべての搭載物を収納し，これらを熱や振動などの外部環境から保護する．
② 地上および飛行中に受ける荷重（外力）に耐える．「荷重に耐える」とは，最大の荷重を受けても有害な変形（注6.1, p.123参照）も破壊もしないことを意味する．
③ 主構造体はエンジン推力をコア機体に伝達してロケット機体の加速飛行を継続させる．

宇宙ロケット発射時の全備質量のうち，構造質量の占める比率は10～15%に過ぎない．残りは推進薬である．ロケットの機体は，これだけの軽量構造で地上および飛行中に受ける全荷重に耐荷しなければならない．当然，機体全体の構造設計と材料の選択には特別な注意が必要であり，設計の妥当性は開発試験によって検証する．

以下，宇宙ロケットの骨格を構成する重要な構造システムについて考察するとともに，軽量構造設計の基本思想を整理する．

b. ロケットの形状と構成

ロケット本体は薄肉円筒形を基本とした細長い形状をしており，全長と機体直径との比率（細長比）は10～15程度である．その先端部は，尖った円錐形のものもあるが，多段式の宇宙ロケットは例外なく鈍頭形状を用いる（p.119のコラム3参照）．また，機体胴体部は下から第1段，第2段と積み上げる．

ロケットが先端部を除いて円筒状の細長体である理由の第1は，この形状が，飛行中に受ける大きな圧縮荷重と（推進薬タンクの）内圧荷重に対する強度・剛性特性に優れていることである．第2に，宇宙ロケットは発射直後，しばらくの間，垂直に近い姿勢で飛行するが，このとき機体の空気抵抗を可能な限り少なくして一刻も早く大気層を抜け出すためには，細長体形状が最も有利である．第3に，多段式ロケットは，役目を果たした構造体を順次，分離・投棄していくので，下段から上段へ分離する順番に積み上げる形にする．

大型宇宙ロケットの多くは液体ロケットを中心とした2段式または3段式構成のロケットである．図6.1は，その代表として，わが国初の大型国産H-2ロケットの基本構成を示したものである．機体は推進薬タンク，エンジン部（エンジン推力をコア機体に伝達する構造体），各段をつなぐ段間部，衛星フェアリング，電子機器搭載部などの構造体で構成される．第2段機体の上に衛星分離部を取り付け，ここに衛星や探査機を取り付ける．

c. コア機体と補助ロケット

各段ロケットエンジンの推力を直接ペイロードに伝えて加速する働きをする機体を「コア（Core）機体」と呼ぶ．H-2ロケットの例では，第1段および第2段液体ロケットがコア機体である．

☆ 6.1 宇宙ロケットの骨格

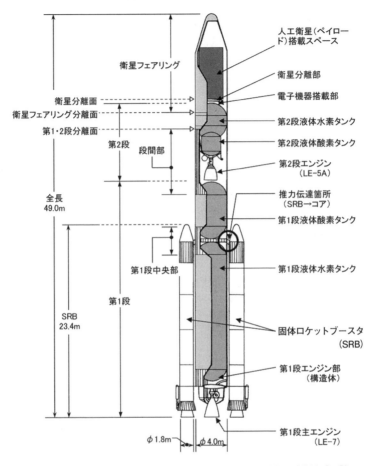

図 6.1 宇宙ロケットの全体構成図―H-2 ロケットの例―（引用 [41]）

コア機体は各ステージのフライトにおける全推力と空力荷重等を負担し，機体の加速飛行を支えるもので，最終的には推力をペイロードに伝える機能をもつ．とくに，第1段コア機体は，上段ロケットとペイロードを背負ったまま第1段エンジンの推力と補助ロケットの推力を受けもつので，非常に大きな軸圧縮力に耐荷しなければならない．これに対して"外付け方式"の補助ロケットは，自身の発生推力をコア機体に伝えるだけで，他の荷重を負担しなくてよい．

d. 第1段液体ロケットと固体補助ロケットの組合せ

　宇宙ロケットはブーストフェーズに最も大きな推力を必要とする．通常，このフェーズ終了時までに分離・投棄される部分の質量はロケット全備質量のおよそ90％程度になる．したがって，第1段と固体補助ロケットの組合せは，ロケット全体の性格や打上げ性能を決定づけることになる．その代表的な組合せの形態を図6.2に示す．

　最も単純な形式は地上点火ロケット（第1段）として液体ロケットを単独で用いるもので，この形式を採用するケースは多い．第1段液体ロケットの周囲に何本かの小型補助ロケットを取り付ける形式は，往年のデルタ・ロケットの技術を導入したN-1，N-2およびH-1の実用ロケットで採用された．ペイロード質量が一定範囲内で増減するとき，補助ロケットの本数を変えることによって調整できるメリットをもつ．

　コア機体である第1段液体ロケットの両脇に一対の大型固体ロケットを配した組合せは，アメリカ空軍のタイタン・ロケットで実用化された．その後，スペースシャトル，H-2ロケット，アリアン5型ロケットで踏襲された．

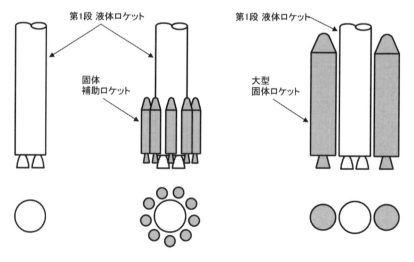

図6.2　第1段液体ロケットと固体補助ロケットの組合せ

大型の固体補助ロケットは，固体ロケットブースタ（Solid Rocket Booster：SRB）と呼ぶことが多い．SRBの推力がコア機体の推力より大きい場合でも，その役割はコアである第1段液体ロケットの推力を補強する「補助」であることに変わりはない．

e. 衛星フェアリング

上記の主要構造体のうち，「衛星フェアリング」は単にフェアリングとも呼ばれ，コア機体ではないが，非常に重要な構造体である．その役割は，ロケットが大気層を飛行する間に受ける空力荷重，空力加熱および音響振動などから衛星を防護することである．空気中に含まれる水滴（雨）や砂塵などに対して衛星を護る役目も果たす．

ロケットは通常，空気抵抗を減少させるため，頭部とその下流部分を機軸方向に沿って流線形の形状にする．この頭部付近に一定の空間を確保してそこに衛星を収納する形としたものが衛星フェアリングである．衛星を搭載する利用者の立場から見れば，その収納容積が大きく，直径が大きいほど望ましい．このため，フェアリング直径がコア機体の直径を上回るものもある．大型ロケットのフェアリングは大型薄肉構造体とならざるをえないが，一方で，飛行中に受ける空気力，エンジン推力，音響振動などに耐える強度と剛性をもつことが要求される．また，飛行中に変形や振動によって衛星がフェアリング壁面と接触することを避けるため，衛星の最大外径と壁面の間に一定のクリアランスを保つことも必須要件となる．

飛行中，ロケット先端部から流入する空力加熱量を制限してペイロードを一定温度以下に維持する必要があるので，フェアリング頭部を鈍頭形状にするが，その空気力学上の根拠についてはp.119の「コラム3」を参照していただきたい．

ロケットが大気層を突き抜けて空気の影響，とくに空力加熱の影響が無視できる高度に達したところで，フェアリングを開頭・分離して衛星の軌道投入に備える．

現用のフェアリングは，アルミニウム合金や複合材などを用いたモノコック，セミモノコック，あるいはハニカム・サンドイッチ構造のものが多い．H-2Aロケットのフェアリング（図6.3）は，H-2ロケットで開発した技術をそのまま引き継いだもので，アルミニウム合金を表板とコアに用いたハニカム・サンドイッチ

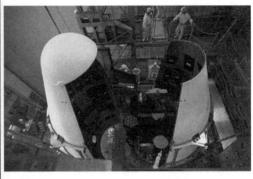

図 6.3 H-2A ロケットの衛星フェアリング（出典：JAXA）

構造体である．フェアリングの分離メカニズムについては第 7 章で考察する．

☆ 6.2 液体推進薬タンクの構造

通常，宇宙ロケット本体（コア機体）の構造質量のうち，推進薬タンクがその大部分を占める．したがって，ロケット全体の構造性能を向上させるためにはタンクの軽量化を図ることが必須となる．

a. 一体型タンク

現在の宇宙ロケットの推進薬タンクは，円筒形状のタンク壁が内圧荷重と飛行荷重の双方を負担するタイプで，これを一体型タンク（Integral Tank）と呼ぶ．タンクは主構造体の一部として推進薬の収納スペースを提供するだけでなく，様々な外力に耐荷するとともにエンジン推力をコア機体の上段に伝達する．現用の一体型タンクの構造性能（質量比）は非常に優れており，使用材料の強度・剛性特性から見てほぼ限界に近い．推進薬タンクはまた，数気圧程度までの圧力を受ける容器であり，機密性も要求される．液体酸素や液体水素などのタンクからは，

飛行中に相当量の液体が気化するので，気化したガスをタンク頂部の排気弁により機体外に排出してタンク内の圧力を一定に保つとともに推進薬の液温上昇を防ぐ措置をとる．

b. 酸化剤タンクと燃料タンク

　一体型タンクの構造は薄肉の円筒に上下両端から半球状のドームを被せて接合する形が一般的であるが，酸化剤タンクと燃料タンクの組合せ方によって「独立隔壁型」と「共通隔壁型」に大別される（図6.4）．通常，宇宙ロケットの第1段ロケットなど，大型液体ロケットは独立隔壁型タンクを用いる．

　一方，共通隔壁型タンクは質量軽減につながるメリットがあるため，打上げ能力向上への貢献度の大きい上段ロケットに用いられる．しかし，通常，酸化剤と燃料の液体温度が異なるので，両者間の熱伝達を防ぐため，隔壁に断熱処置を施す必要がある．沸点の異なる酸化剤と燃料が薄い金属壁1枚で仕切られているとき，熱の移動が起きて低温側の液体が蒸発し，高温側の液体が凝固するなどの現象が起きるのを避けるためである．また，双方のタンクの圧力差の影響で隔壁が「有害な変形」や「座屈」を起こさないように注意しなければならない．したがって，ロケット発射前の推進薬充填作業のときは両タンクの圧力差を正確にコントロールする必要があり，作業現場の負担が大きい．最近では，上段ロケットにも独立隔壁型タンクを用いることが多い．

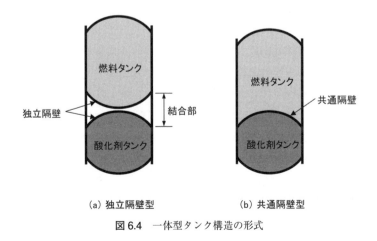

図 6.4　一体型タンク構造の形式

c. 構造様式について

(1) モノコック様式のタンク

卵の殻のように外皮（Skin：スキン）だけで荷重を受けもつモノコック（Monocoque）様式があり，小型タンクに用いられることが多い．タンクの受ける荷重の中で圧力荷重が最も大きいとき，軽量化という点ではモノコック様式が有利である．また，比較的安価で強度特性に優れたステンレス鋼の1枚板を加工（成型と溶接）することもできる．しかし，細長い円筒形状の大型タンクでは不利になるので普通は用いない．大型タンクに使用した例として，初期のアトラス・ロケットの第1段タンクがある．

(2) セミモノコック様式のタンク

セミモノコック（Semi-Monocoque）様式は，外板に加えて別の強度部材を配したもので，大型のタンクをはじめ，航空宇宙分野の構造体に広く用いられる．この様式はさらに次の様式に分類できる．

① スキン・ストリンガ・フレーム（Skin-Stringer-Frame）（図6.5 a）　外板（スキン），縦通材（ストリンガ）および枠（フレーム）で構成され，それぞれが役割分担して荷重を受けもつ構造である．外板は内圧による引張り荷重を，縦通材は圧縮荷重を分担し，フレームは断面形状を保つ．この様式は多くの大型液体ロケットタンクに用いられる．航空機の機体（胴体）構造は基本的にこの様式を用いる．

② ワッフル（Waffle）（図6.5 b）　三角形または四角形の格子の外側に薄い外板を配したもので，障子に似た構造様式である．一体削出し機械加工により製作する．近年，四角形のワッフル構造の使用例は見られなくなった．

③ アイソグリッド（Isogrid）（図6.5 c）　ワッフル構造の1つであるが，格子の形が正三角形であるものをアイソグリッドと呼ぶ．アメリカで実用化されたもので，デルタ・ロケットでは40年以上にわたって第1段タンクに用いられてきた．日本では，N-2ロケット以降，H-2A，H-2Bロケットに至るまでの第1段タンクに用いられてきた．

(3) 構造様式の選択

タンクの構造様式として，モノコックかセミモノコックのどちらかを選ばなければならないとき，ロケットの受ける荷重の種類と大きさに基づき，軽量構造と製造の難易度に重点を置いて決める．

6.2 液体推進薬タンクの構造

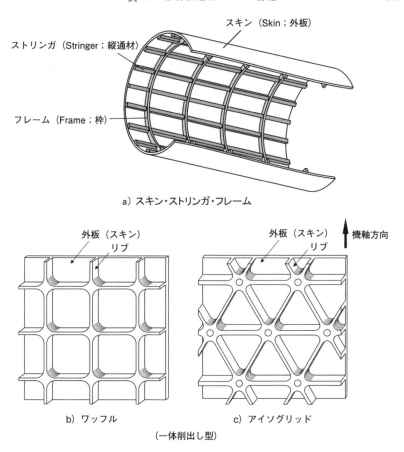

a) スキン・ストリンガ・フレーム

b) ワッフル
（一体削出し型）

c) アイソグリッド

図6.5 セミモノコック構造

　一般に，ロケット機体が飛行中に受ける荷重は内圧荷重以上に「軸圧縮荷重」や「曲げ荷重」の方が大きく，この場合，軽量化の点でセミモノコック様式が有利になる．

　宇宙開発初期のアメリカのアトラス・ロケットでは，タンクの内圧を上げることにより「内圧荷重」が「圧縮荷重＋曲げ荷重」よりも大きくなるように設計し，第1段タンクにモノコック様式を採用した．薄いステンレス鋼の外板の板厚に（荷重の大きさにほぼ比例して）下方から上方に向かってテーパをつけてモノコック様式としたもので，空のままでは座屈するか，破断に至るため，"自立"できない．作業中は常にタンク内に不活性ガスを封入して内圧をかけておく．そのため，

「加圧安定型タンク」と呼ばれる．アメリカが宇宙開発全盛期に軽量化の極致を追求した"傑作"であった．

その頃は，セミモノコックの一体削出し機械加工技術がまだ未成熟であったので，この点は割り引いて考えねばならない．しかし，加圧安定型タンクは工場や発射場での作業がひどく難しい上，運用コストも高くなる．全体として傑作であったか否かについては専門家の間でも評価が分かれる．2002年から運用に入ったアトラス5型ロケットの第1段タンクはアルミニウム合金のアイソグリッド様式を用いていることを付記しておく．

現在，ワッフル構造の中では，ほとんど例外なくアイソグリッドが用いられる．強度・剛性特性が等方性をもつというメリットによる．応用範囲が広く，ロケットのタンクだけでなく，（アポロ計画の終了後）1970年代初期に打ち上げられたアメリカ初の宇宙実験室「スカイラブ（Skylab）」の内部にも用いられた．また，国際宇宙ステーション（ISS）の一部である日本の実験棟「きぼう」の本体外壁にも使用されている．

タンク以外の構造体の構造様式は，荷重の種類と大きさにより決めるが，製造の容易なスキン・ストリンガ・フレーム様式を選択することが多いようである．

d. タンクの製造法

アイソグリッド様式を用いた大型液体ロケットタンクを製造するとき，「アルミニウム合金の一体削出しによるセミモノコック加工技術」を用いる．まず，一定の厚さをもつアルミニウム合金の平板から，コンピュータ制御によって正三角形パターンの格子と薄い表皮（外板部）を残して削り出す．削り出した後の板に一定の曲率をつけた後，複数枚を円周方向に溶接接合してタンク円筒部を作る．この円筒部の上下方向から半球状のドームを接合してタンクに仕上げる．

極低温推進薬タンクの外表面には断熱材を貼り付け，外部から流入する熱を極力防ぐ措置をとる．シャトルの外部タンクやH-2，H-2Aロケットの第1段，第2段タンクでは，発泡プラスチックの断熱材をタンクの外表面に吹き付けて仕上げる．それでも，飛行中に相当量の極低温液体，とくに液体水素が蒸発するのは避けられない．

液体ロケットの推進薬タンクを作るとき，その構造体は溶接によって結合する．"漏れ"を許容できないためであり，このため溶接性に優れたアルミニウム合金を

用いる．一方，航空機の場合，翼や胴体には強度特性に優れたアルミニウム合金を用いるが，この合金は溶接性が悪いため，製造はリベット（鋲）による結合を基本とする．

☆ 6.3 構造設計の考え方

a. 荷重に耐荷すること

　宇宙ロケットの構造設計の要諦は，ロケット機体の受ける全荷重に構造体として耐荷するとともに，軽量化を最大限追求することにある．

　宇宙ロケットは，地上での運搬，打上げ準備作業および飛行の間に様々な荷重（外力）を受ける．とくに，飛行中のロケット機体は，推進薬タンクの内圧荷重，エンジン推力や空気力による（機体軸方向の）圧縮荷重と曲げ荷重，さらに動荷重など，多くの厳しい荷重を受ける．ロケットの構造体はこうした荷重を受けても本来の機能を正常に保つこと，すなわち「耐荷すること」が要求される．

　"耐荷する"とは，構造体および材料が最大の荷重を受けても「降伏」も「破壊」もしない強度を有すること，および，過大で「有害な弾性変形」を起こさないことを意味する．降伏とは，構造体が有害な変形を起こすことであり，破壊とは構造体が破断や座屈等により構造体としての機能を失うことである．構造力学では，構造体が降伏し始めるときの荷重（当該部位の応力）を「降伏荷重（応力）」，破壊（破断または座屈）する直前の荷重（当該部位の応力）を「終極荷重（応力）」と呼ぶ．

　ロケットの構造設計では，構造解析モデルを用いてシミュレーションを行い，地上および飛行中の各時点における機体各点の負荷荷重を予測する．たとえば，ある時点である構造体の部位が 1.0 MN（メガニュートン）の最大静荷重を受ける，と予測されたと仮定しよう．もし，構造解析による予測計算が実際の現象を 100％反映しているのであれば，軽量化の観点から，その構造体は 1.01 MN の荷重を受けたときただちに破壊するように設計するのが最適である．これで問題は起きないであろうか？

　構造設計者は，ロケットの受ける荷重に関する全事象を可能な限り正確に予測してモデル化し，最良の知見と最新のデータを用いて構造解析を行う．しかし，人間が自然現象を完璧にシミュレートすることは不可能である．しばしば想定外

のことが起きることは，過去，あらゆる分野で人間が経験してきたことである．

構造解析には「解析モデルの不完全さ」および解析に用いる「各種データの不確定要素」のため"不確実性"が残る．また，できあがった構造体には製造・組立ての過程における精度誤差が避けられない．そこで，神ならぬ人間が予見できない不確実性を補償するため，実際の構造体が予測される最大の負荷荷重よりも"ある程度大きな荷重"にまで耐えるよう，安全側に設計するのが賢明な対策といえる．その大きさの程度を示す1.0以上の係数を安全係数または設計安全率と呼ぶ．

b. 安全設計の方法

「安全係数」とは設計上の安全率を意味する．ここでは正確さを期すため，「設計安全係数」と定義するが，誤解を招くおそれのないときは単に安全係数と呼ぶ．

まず，構造体の安全係数を1.0以上にする意味を考える．ある構造体に最大1.0 MNの荷重が負荷されるという予測が得られたとき，「降伏」に対して1.1の設計安全係数をとる，ということは，この「最大予測荷重」の1.1倍，すなわち1.1 MNの荷重までは有害な変形が起きないように設計することを意味する．同様に，「破壊」に対して1.5の安全係数をとるということは，「最大予測荷重」の1.5倍，すなわち1.5 MNの荷重までは破断や座屈が起きないように設計することを意味する．

理工系でない人から見ると，最新の理論とデータに基づいて計算した予測値に対して1.0以上の安全係数を取るのは，設計者が自分の設計に自信をもてないためではないか，と疑いたくもなろう．これはしかし，人知の及ばない「不確実性」を補償するための係数であり，ロケットに限らず土木や建築など，あらゆる分野の設計に共通する．この考え方は，安全性およびコスト管理の観点から，また，過去の経験からも合理的であると認められ，工学の分野では広く適用されている．なお，安全係数を1.0から2.0にすると，対象となる構造体の質量は約2倍になることに留意する．

さほど軽量設計が求められない地上の構造体では，かなり安全側に設計することが可能であり，5～10という大きな安全係数を採用するケースもある．たとえば，エレベータのワイヤロープの設計安全係数は建築基準法によって10以上確保することが決められているという．

☆ 6.3 構造設計の考え方

安全係数は技術分野により，また設計思想により異なる．航空宇宙の世界では軽量化が至上命題であるため，大きな安全係数をとることができない．ここで，構造設計に関する重要な用語の定義を明確にし，宇宙ロケットの安全係数について考察する．文中で単に「荷重」とあるのは，荷重または応力を示すものと理解していただきたい．

c. 荷重と強度の定義 （図 6.6 参照）
(1) 設計荷重
- 制限荷重（Limit Load, L）；予想される運用環境において構造体に負荷される最大荷重として（設計上）設定する荷重で，構造解析で予測される負荷荷重のうちの「最大予測荷重（Maximum Anticipated Load）」のこと
- 設計降伏荷重（Yield Design Load, Y）；構造体が降伏を起こしてはならない最大の荷重として（設計上）設定する荷重のこと．制限荷重に設計降伏安全係数を掛けた値

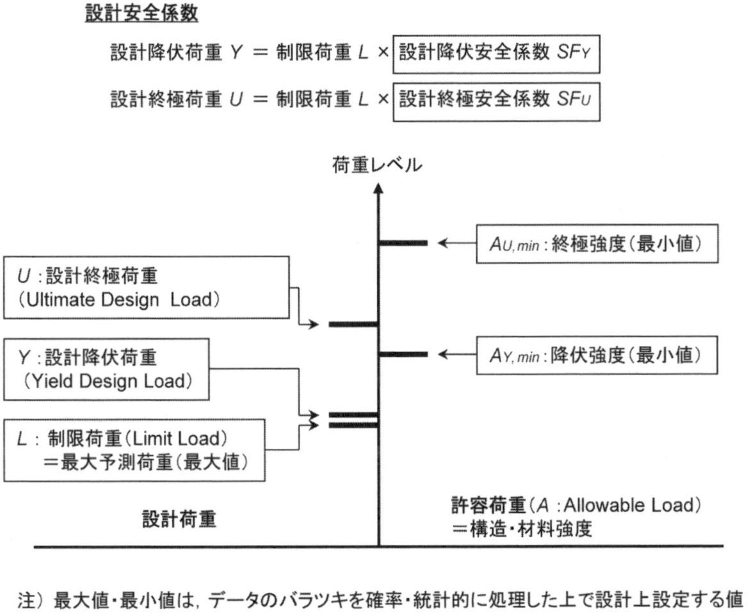

設計安全係数

設計降伏荷重 Y = 制限荷重 L × 設計降伏安全係数 SF_Y

設計終極荷重 U = 制限荷重 L × 設計終極安全係数 SF_U

荷重レベル

U：設計終極荷重（Ultimate Design Load）

Y：設計降伏荷重（Yield Design Load）

L：制限荷重（Limit Load）＝最大予測荷重（最大値）

設計荷重

$A_{U,min}$：終極強度（最小値）

$A_{Y,min}$：降伏強度（最小値）

許容荷重（A：Allowable Load）＝構造・材料強度

注）最大値・最小値は，データのバラツキを確率・統計的に処理した上で設計上設定する値

図 6.6 設計荷重および設計安全係数の定義（参考 [62]）

・設計終極荷重（Ultimate Design Load, U）；構造体が破断や座屈等の構造破壊を起こしてはならない最大の荷重として（設計上）設定する荷重のこと．制限荷重に設計終極安全係数を掛けた値

(2) 構造強度

・許容荷重（Allowable Load, A）；構造体が耐荷できる最大荷重．通常は構造体の強度を意味する．次の2つの強度データにはバラツキがあり，強度解析で上記（1）の設計荷重と比較するときは最小値を用いる．

　　降伏強度（Yield Strength, A_Y）；部材が降伏を生じ始めるときの荷重

　　終極強度（Ultimate Strength, A_U）；部材が破断や座屈等の構造破壊しない最大の荷重

(3) 最大値，最小値について

上記の定義における最大値・最小値は（複数回の）試験で得られたデータのうちの最大値・最小値のことではなく，後述するように，バラツキのあるデータを確率・統計的に分析した上で最大値・最小値として設定する値のことを意味する．

d. 設計安全係数の定義

$$設計降伏荷重\ Y = 制限荷重\ L \times 設計降伏安全係数\ SF_Y$$
$$設計終極荷重\ U = 制限荷重\ L \times 設計終極安全係数\ SF_U$$

設計安全係数（設計安全率：Safety Factor）の定義が示すように，まず制限荷重 L が解析計算から求められると，それに，あらかじめ設定した設計安全係数（SF_Y, SF_U）を掛けて設計荷重（Y, U）が決められる．ここで，設計安全係数は，製造された後の実構造体の安全係数ではなく，設計要求であることに留意する．

e. 安全余裕の定義

構造体は，制限荷重に設計安全係数（SF_Y, SF_U）を掛けた設計荷重（Y, U）に対しても耐荷するよう要求されている．すると，実際に得られた設計強度は要求以上の余剰強度を有するのが一般的であり，その余剰分を比率で表した値が安全余裕（Margin of Safety：MS）である．MS は正（＋）であるべきであるが，ゼロ（0）に近いことが望ましい．

　　降伏安全余裕；設計降伏荷重に対する安全余裕　$MS_Y = A_Y/Y - 1 (>0)$

6.3 構造設計の考え方

表 6.1 宇宙ロケット主構造体の静荷重に対する安全係数（参考 [33 = Table E 1.6.1], [34]）

	設計降伏安全係数 SF_Y	設計終極安全係数 SF_U
飛行中の荷重		
有人	1.0 または 1.1	1.40
無人	1.0	1.25
地上取扱い時の荷重		
人に危険が及ぶとき	1.0 または 1.1	1.50
人に危険が及ばないとき	1.0 または 1.1	1.25

注1) 安全係数は組織，機関，プロジェクトごとに多少異なる．この表は，代表例として，NASA で長年用いられてきた安全係数を示す．
注2) 固体ロケットを含む圧力容器については別に規定される．

終極安全余裕；設計終極荷重に対する安全余裕　$MS_U = A_U/U - 1 (>0)$

f. 宇宙ロケットの安全係数

宇宙ロケット主構造体の静荷重に対する設計安全係数の代表例を表 6.1 に示す．この表は，NASA で用いられてきた安全係数を代表例として示したもので，（旧 NASDA を含め）JAXA も概ねこの基準を準用している．

表 6.1 では，飛行中および地上取扱い時について別の安全係数が定められているが，一般に，ロケット構造体の主要部位の受ける荷重は地上取扱い時に比べて飛行時の方がはるかに厳しい．この表に見るように，宇宙ロケットの安全係数は（土木や建築など）他の分野に比べてきわめて小さい（1.0 に近い）．

g. 耐荷することの保証——確率・統計の考え方——

「ロケットの構造体が実荷重に耐荷する」ことを設計上保証するためには，次の 2 つの条件を満足することが求められる．

① 設計荷重（設計降伏荷重 Y および設計終極荷重 U）が構造体の強度に対して 2 つの設計安全係数（降伏 SF_Y，終極 SF_U）を確保する．
② 安全余裕（降伏 MS_Y，終極 MS_U）がともにゼロより大きい（$MS > 0$）．

上記①と②の条件は次の不等式で表すことができる．双方とも満足すること．

$$\text{設計降伏荷重 } Y \; < \; \text{（構造体の）降伏強度の最小値} = A_{Y,\min} \quad (6.1)$$

$$\text{設計終極荷重 } U \; < \; \text{（構造体の）終極強度の最小値} = A_{U,\min} \quad (6.2)$$

h. 例題：有人ロケットの「破壊」に対する安全の確保

上述したように，「構造体が実荷重に耐荷すること」を設計上保証するためには式 (6.1) と式 (6.2) の双方を同時に満足することが要求される．一例として，有人ロケットの破壊に対する（構造上の）安全確保の問題，すなわち式 (6.2) について考える．

ロケットの構造体が地上および飛行中に受けると予測される荷重は，多くのデータを用いて解析計算により求める．このデータには，誤差やバラツキがあるため，予測荷重は平均値を中心にして一定のバラツキをもつ．解析計算結果から最大値として設計上設定する値が「制限荷重」である．また，構造・材料の強度（降伏強度および終極強度）にもバラツキがあるので，その最小値を決める必要がある．

確率・統計論によれば，データのバラツキの度合は，そのデータ数が多くなればガウス曲線（正規分布曲線）に近づく．一定の数のデータが集まればその平均値と標準偏差（σ：シグマ）が決まり，特定のガウス曲線が確定する（図 6.7）．

ガウス曲線においては，平均値を中心にして-2σと$+2\sigma$の間の面積（確からしさ：確率）は 95.5％となり，-3σと$+3\sigma$の間の面積（確からしさ：確率）は 99.7％となる．たとえば，予測される荷重は 95.5％の確率で-2σと$+2\sigma$の間に存在し，そのときの［最小値，最大値］は［-2σ, $+2\sigma$］の値となる．同様に，予測荷重は 99.7％の確率で-3σと$+3\sigma$の間に存在し，そのときの［最小値，最大値］は［-3σ, $+3\sigma$］の値となる．

バラツキの範囲をどこまで考慮するのか，言い換えれば最大値・最小値を$\pm 2\sigma$の値とするか，$\pm 3\sigma$の値とするか，の選択は開発の対象により，また，設計者により異なる．宇宙開発では$\pm 3\sigma$を選択することが多い．現在の例でいえば，予測荷重の$+3\sigma$値を最大値として選択して，これを制限荷重Lと設定する．

通常，$\pm 4\sigma$, $\pm 5\sigma$, …などと際限なくバラツキの範囲を拡大することはしない．過大な強度設計要求は過大な構造質量増加を招くため，そこには現実的，常識的な判断が働いているのである．

一方，比較すべき「構造（材料）強度（許容荷重）」のデータにもバラツキがあり，その中の最小値を選ばなければならない．このときも同じように，構造強度（終極強度A_U）の-3σ値を最小値として選択することが多く，これを最小終極強度$A_{U,\min}$と決める．ガウス曲線の特性により，Lが$+3\sigma$値より大きくなる確率は

☆ 6.3 構造設計の考え方

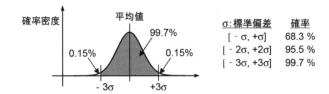

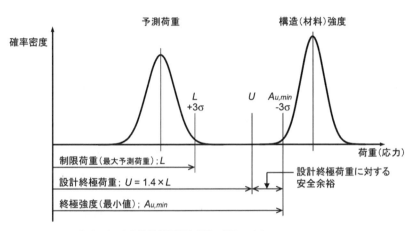

図 6.7 有人ロケットの安全設計（参考 [33 = Part E1.6]）

0.15%であり，$A_{U,\min}$ が -3σ 値より小さくなる確率は 0.15% となる．

例題の「有人ロケットの破壊に対する安全設計」の場合，図 6.7 に示したように，式（6.2）の条件をクリアしている．別の言い方をすれば，破壊を起こす直前の構造強度の最小値（-3σ 値：$A_{U,\min}$）は，設計終極荷重 U ［最大予測荷重（$+3\sigma$ 値）× 1.4］よりも（高い確率で）大きくなることが設計上保証される．結局，「ロケットの構造体が実荷重を受けたとき，破壊しない」ことが 3σ レベルで，かつ余裕をもって設計上保証されたことになる．ここでは，「有人ロケットの破壊」に対する安全について考察したが，「有人ロケットの降伏」についても，同様に式（6.1）を満足することが要求される．

i. 安全係数と安全余裕について

　安全余裕（Margin of Safety）は余裕部分であり，構造体の全部位において降伏強度および終極強度ともに $MS > 0$ の条件を満たすべきである．すなわち，MS は正の値でなければならない．一方で，ロケット構造設計の至上命題は軽量化であるため，MS は正の値であるとともに可能な限り"ゼロ"に近い値であることが求められる．

　通常，「無人ロケット」の降伏安全係数は 1.0 である．解析の結果，構造体のある部位が $MS = 0$ であることが判明したとき，どう対処すればよいのか？　低い確率ではあるが，その部分で局所的な降伏の発生する可能性が生じる．このような場合，打上げの成否に影響を与えない部位については，局所的で限定的な降伏，すなわち「部分降伏」を許容する．つまり，特例として $MS = 0$ を容認する．宇宙ロケットの構造設計に対する軽量化要求はそれほど厳しいのである．

　さらに，「有人ロケット」の設計終極安全係数は表 6.1 に示したように「無人」の 1.25 とは異なり，1.4 であることに注意する必要がある．たとえば，現在の設計仕様のまま H-2A ロケットで飛行士を宇宙空間に送り出すことは，現在の安全設計の考え方に基づく限り，できない．

　上記のような安全設計の基準に基づいて開発したロケットの構造体については，その開発過程で必ず強度試験を実施して設計が妥当であることを確認する．小さな安全係数を採用せざるをえないための措置である．全体の軽量化に影響のない，小さな機器類の構造体については，大きめの設計安全係数（たとえば，$SF_U = 2.0$ など）を適用する代わりに確認試験をせずに済ます，という手法をとることもある．

　現在の大型旅客機の主構造体は破壊に対して 1.5 の設計終極安全係数を採用している．一方，宇宙空間から大気圏に再突入して地上に帰還したスペースシャトルは有人ロケットの基準に従って，その終極安全係数は 1.4 であった．シャトルのオービタが，大気圏再突入時に厳しい熱環境に曝される「有人・再使用型」であった点を考慮すれば，不確定要素に対する構造設計上の配慮（安全係数）が旅客機より少ないという NASA の設計思想は（筆者にとって）気にかかるところではあった．

　以上の議論は静荷重に限られる．実際は，振動などの動的荷重も考慮しなければならず，ロケットの構造設計はかなり複雑な内容になることを付記する．

j. **軽量化の考え方**

構造質量の軽減によって得られる多段式ロケットの打上げ能力の向上は，上段ロケットほど顕著になる．すなわち，同じ構造質量1kgの削減であっても，第1段より第2段，第2段より第3段で実施する方が打上げ能力に対する貢献度が大きくなる．

H-2Aロケットのように固体ロケットブースタを抱えた2段式のロケットによって低高度地球周回軌道（LEO）に衛星を打ち上げるケースを考えてみよう．もし，第2段の構造質量を当初予定より1kg削減できたとすれば，それはそのまま1kgの（LEOへの）打上げ能力増となる．1：1の対応である．ところが，第1段タンクで同じ1kgの軽量化に成功しても，貢献度は1/3～1/4程度になる．固体ロケットブースタに至っては，貢献度は1/10程度に落ちる．ロケットの軽量構造設計は「上段ロケット機体の軽量化に最大限努力する」ことが鉄則である．

☆ 6.4 ロケットの材料

現在までに開発されロケット機体に用いられてきた代表的な材料の概要を示す．

① アルミニウム合金　ロケットの主要構造体にはアルミニウム合金が多用される．軽量で強度・剛性特性に優れ，比較的安価で入手できるうえ，加工性に優れているためである．溶接性に優れたアルミニウム合金もあり，液体ロケットタンクの製造に使用される．難点は，高温に弱いことで，使用できる限度は150～170℃までである．これより高温になると，強度・剛性特性が低下して構造体としての機能を失うことになる（アルミニウム合金の融点は500～660℃である）．

スペースシャトル・オービタの翼と胴体はアルミニウム合金で製造されていたが，大気圏再突入の際の空力加熱から機体を保護するため，全表面を数種類の耐熱タイルで覆っていた．タイルの一部が脱落すると，表面が高速・高温の空気流に曝されて構造破壊に至る．コロンビア号事故（2003年2月）で現実に起きたことである．

アルミニウム合金は極低温の液体酸素や液体水素との適合性が良好で，液体酸素温度（-183℃）や液体水素温度（-253℃）の低温で腐食や劣化は起きない．

② ステンレス鋼　強度・剛性特性に優れ，中・高温環境下での材料劣化の程度が比較的小さい．400℃程度までの使用に適している（融点は約1,500℃であ

る).錆びにくく,耐腐食性に優れており,極低温の液体酸素や液体水素との適合性も良好である.液体推進薬のタンク,配管,バルブなどにも使用されるが,アルミニウムに比べて硬いため加工性は若干悪い.

③ 高張力鋼　　引張り強度が高く溶接性に優れた鋼を高張力鋼と呼び,固体ロケットのモータケースに用いられてきた.日本では,H-2 ロケットの固体ロケットブースタ（SRB）および M-5 型ロケットのために優れた高張力鋼が開発された.

④ インコネル　　ニッケル基耐熱合金の1つで,ニッケル,クロム,コバルトなどを含む.1,000℃程度までの高温環境で使用できる.スペースシャトルの主エンジンに用いられ,日本では H-2 ロケットの LE-7 エンジンにはじめて用いられ,引き続き H-2A ロケットの LE-7A エンジンにも使用されている.難点は,材料密度が高く硬いために加工性が悪いことで,製造現場の負担が大きい.とくに溶接性が悪いので,複雑な形状の構造物を製造するためには高度の技術を要する.現に,LE-7 エンジンの開発過程では溶接の不具合による爆発事故が何度も起きた.

⑤ チタン合金　　比較的軽量で強度・剛性特性に優れ,高温領域まで使用可能であり,ほぼ600℃まで使用できる（融点は1,700℃弱である）.しかし,製作や加工が非常に難しいことに加えてコストが高いことに難がある.高圧気蓄器やターボポンプなどに使われるが,航空宇宙分野での使用例は限られる（注 6.2, p.123 参照）.

⑥ アルミニウム・リチウム合金　　1980年代末頃,液体ロケットタンクなどの新軽量材料として脚光を浴び,欧米や日本で研究開発が行われた.当初,アルミニウム合金に比べて軽量で剛性特性に優れ,数％以上の軽量化が実現できるものと期待された.アメリカの再使用型ロケット実験機のタンク等に用いられたが,材料特性上の課題が残るうえ,軽量化にも難があり,最近の使用例は稀である.

⑦ 複合材料　　炭素繊維強化プラスチック（CFRP）やガラス繊維強化プラスチック（GFRP）に代表される複合材料は,母材（マトリックス）の合成樹脂（プラスチック）の中に強化材として繊維を入れて製造したもの.軽量であっても強度・剛性特性は一部金属より優れている.加工性・成型性に優れ,複雑な形状でも容易に製造できるうえ,耐腐食性も良好である.最近,航空機の主翼や胴体に CFRP を用いる例が多くなり,大型ロケットの構造体や固体ロケットのモータケースにも使用される.ただし,正常な強度を保つことのできる温度範囲が比較的

低いというデメリットがある．CFRPを金属のライナ（内張り）と組み合わせて大型タンクを製造する計画があったが，成功した例はない（小型の気蓄器や油圧タンクなどでは実用化されている）．

⑧ カーボン・カーボン　　母材の炭素（C）と強化材の炭素繊維（C）で構成された複合材料で，双方とも炭素であることからC/Cと呼ばれる．耐熱性には抜群に優れているので固体ロケットモータのノズルスロート部に用いられる．スペースシャトルの機体先端部および主翼前縁部に使用された強化C/C材料は，大気圏再突入のとき最高で約1,500℃の高温に耐えることが実証された．一方，C/Cは強度特性が劣るため，強度部材としては使用できないことに留意する．

第6章で参考にした主な文献：[2], [29], [30], [33], [34], [35], [36], [62]

3．宇宙ロケットの先端はなぜ丸いのか？
[大気圏再突入の歴史的背景]

　ロケットは一般に細長く，その頭部は円錐形に近い形状をしている．近代ロケット第1号であるV-2号ロケットの先端部は鋭く尖っていた．現代の小型観測ロケットも同様である．ロケットは地上から打ち上げられた後，まもなく超音速飛行に入る．このとき，先端部から「衝撃波」が発生して空気抵抗が急激に増加するが，その空気抵抗を極力小さくするためには，ロケットの機体をより細長く，先端部をより鋭く尖った形にすることが求められる．これは超音速空気力学の理論上，理にかなったことである．

　1950年代に入り，米ソ両大国の宇宙開発競争が激しくなり，人工衛星を軌道に打ち上げるだけでなく，有人宇宙活動を目指した計画が現実味を帯びてくると，飛行士を乗せたカプセルや宇宙船を地球周回軌道から安全に回収することが課題となる．その最大の障壁は「大気圏再突入」に伴う空力加熱である．高度200～300 kmの低高度の衛星の軌道速度は，（アメリカ東海岸の発射場から打ち上げた場合）対地速度で約7.4 km/sであり，防熱・耐熱の対策を講じなければ，カプセル自体が地上に戻ってくる前に分解・蒸発してしまう．

　軍事面でも同様の課題が出てきた．軍事ミサイルが大型になり，大陸間弾道弾として機能するためには，当該ミサイルは大気圏をはるかに超えて1,000～1,500 kmの高度に達した後にペイロード（この場合は弾頭）が大気圏に再突入する．このときの再

突入速度は，6 km/s を超えるので，ここでも空力加熱が課題になる．
[大局的エネルギー論]
　アメリカ NACA（NASA の前身）の空気力学研究者であったアレン（J. Allen）は，この問題に対して，エネルギー収支の問題としてマクロな観点から考察し，次のように推論した（[30 = Chap.1]）．衝撃波については，次頁の［再突入物体の衝撃波について］を参照のこと．
1) （地球周回軌道から）再突入する物体は，大気層のふち（ほぼ 100 ～ 120 km）において，その軌道と高度に対応する「運動エネルギー：KE」と「ポテンシャルエネルギー：PE」をもつ．両者の合計（KE + PE）が軌道エネルギーである．
2) 飛行物体が地上に戻ったとき，（地上を基準にすれば）KE も PE もゼロになる．この物体が再突入前にもっていたエネルギーはどこに消えてしまったのか？
3) 考察の結果，軌道エネルギー（KE + PE）は，①下降中の飛行物体の周辺の空気を暖める熱および，②飛行物体の外壁（とくに，頭部）から機体内に流入する熱（空力加熱）に変換されるはずである．
4) 飛行物体回りの極超音速流れを考える．先端部が鋭く尖っているとき，衝撃波は先端部に付着した「弱い衝撃波」となる．弱い衝撃波の下流の空気は暖められるが，その温度上昇の程度は比較的低い．これに対して，先端部を「鈍頭」(どんとう)（Blunt）にすると，先端から一定距離だけ離れたところから「強い衝撃波」が発生する．強い衝撃波背後の空気は激しく加熱され，その温度は急激に上昇する．
5)「強い衝撃波」ができた場合，再突入前に飛行物体がもっていた軌道エネルギーの多くは，飛行物体周囲の空気を暖める熱に変換され（上記①），その分，機体内に流入する熱（上記②））は低減されるはずである．結論として，再突入飛行物体を空力加熱から防護するためには，その先端部を鈍頭にすべきである．

　アレンのこの推論（発見）は 1950 年代のはじめ，ミサイル技術に結びつく可能性があると判断されたため，アメリカ国内では当初，機密扱いにされたという．この考え方は当時の常識に反していたため科学界には抵抗があったようであるが，しだいに空気力学研究者の注目を集め，数年後には鈍頭物体（Blunt Body）に関する多くの理論解析と実験研究が行われ，彼の推論の正しいことが証明された．
　ここまでの話は，再突入物体の問題である．宇宙ロケットは地上から打ち上げるので，大気層飛行中に受ける空力加熱はそれほど大きくならない．とはいえ，ロケットの上昇速度は超音速になり，大気層を突き抜けるまでの間に頭部から熱が流入するため，フェアリング内の衛星は暖められる．そこで，空力加熱による温度上昇を極力抑えて衛星を保護するため，現在，宇宙ロケットのフェアリング頭部は鈍頭にするのが一般的である．鈍頭物体を採用することにより，フェアリングの構造・材料による相違はあるものの，上昇飛行中のフェアリング内壁面の温度は 150 ～ 200 ℃程度に抑え

られている．
[再突入物体の衝撃波について]
　コラム 4 の図（p.123）を参考に，円錐形状と鈍頭形状の 2 つの飛行物体が超音速（マッハ数：$M > 1$）で飛行するケースを考える．双方とも，先端（付近）からきわめて薄い（10^{-5} cm 程度の厚さの）「衝撃波」が形成され，飛行物体の後方を覆う形となる．空気流れが衝撃波を横切るとき，気圧・密度・温度は急に上昇し，総圧（淀み点圧力）とマッハ数は低くなる．マクロに見れば衝撃波は不連続面である．
　鋭い先端をもつ物体にできる衝撃波は，先端部に付着し，下流方向に円錐形状を形成するが，その表面は流れに対して一定の角度もつ「斜め衝撃波」となる．これは弱い衝撃波で，背後の流れは超音速（$M > 1$）である．衝撃波背後の気圧・密度・温度の上昇の度合は低く，したがって，この領域の気温はそれほど高温にならない．
　一方，鈍頭物体の前面にできる衝撃波は，物体から一定距離だけ離れて形成される．その中心部の衝撃波は「垂直衝撃波」で，そこから流れに対する傾斜角をしだいに変え，遠方では上記の「斜め衝撃波」に近づく．垂直衝撃波のすぐ背後の近辺が「強い衝撃波」領域である．強い衝撃波の背後の流れは亜音速（$M < 1$）となり，その気圧・密度・温度は急激に上昇して，空気流れは非常な高温になる．
　衝撃波理論を含めた超音速空気力学の基礎理論は［29］，［30］に詳しい．

4. 頭のにぶい物体の空気力学

　いわゆる鈍頭物体の空気力学は，筆者がアメリカ留学中に師事した先生方が宇宙開発の初期に大いに進展させた分野であり，また，筆者の PhD（Doctor of Philosophy：博士号）論文のテーマの背景になっていたこともあり，個人的な思い入れが強い．ここでは，学術理論そのものから離れて余談として記す．

[鈍頭物体が常識になるまで]
　筆者が大学卒業後，ある国立研究所に勤務していたとき（1960 年代前半），当時としては最先端の分野である「鈍頭物体」の研究の状況がアメリカから伝わってきた．その頃の第一線の研究者は Blunt Body という新しい専門用語を「頭のにぶい物体」と呼んで紹介したのだが，その表現が奇妙に聞こえたことを記憶している．
　その後，筆者がニューヨークに留学したとき（1960 年代後半），アポロ計画が進行中で，宇宙ロケットの先端や飛行士回収カプセルの頭部，さらに後のスペースシャトルの機首部分が鈍頭であることは既に常識になっていた．

[超音速空気力学のパイオニア]
　筆者の師事したアントニオ・フェリ（Antonio Ferri, 1912-1975）教授は，超音速空気力学のパイオニアでイタリア出身の天才科学者であった．1930 年代の後半，博士

が世界で最初の「超音速風洞」を作って基礎研究を始めたのはまだ20代のときである．第2次世界大戦が終盤に入った頃，ドイツ，イギリスおよびアメリカは，より高速の，そして，いずれは超音速の戦闘機を開発するため，この天才科学者を招聘（というより確保）しようと争っていた．しかしながら彼は，終始ナチスドイツを嫌い，レジスタンス運動を続けていた情熱的な闘士であり，結局，1944年，連合国軍によるローマ解放（占領）の直後，アメリカ政府の招請に応じて渡米し，NASAの前身であるNACAの一研究所に迎えられ，後に大学に移って超音速空気力学の研究と指導にあたった．

当時のアメリカ人研究者の回顧談によれば，NACAの研究所では早速，博士の連続講義が始まり，大勢の研究者が聴講に詰めかけたのだが，その講義ははじめから終わりまでイタリア語であったのだそうで，生徒側はたまらずイタリア語の勉強を始めたという．それはともかく，フェリ博士のグループは1950年代の初期，いち早く鈍頭物体に関する先駆的な研究を行っている［66］．

筆者が渡米する直前，フェリ先生と親交のあった東大教授の谷 一郎先生（そのしばらく前まで東大航空研究所の所長を務めておられた）から「君がフェリさんの講義を理解するようになるには，イタリア語も勉強する必要があるだろうなぁ」と同情（激励？）されたものである．事実，フェリ先生の授業で毎回配布された（10数ページから20ページ位の）講義メモはこの上なく読みにくい手書きの"Italian English"で埋められており，学生は皆，その「解読」に難儀した．一方，フェリ先生は自ら「君達は私の英語を真似してはいけないよ」と念をおして講義したものである．

［鈍頭物体回りの空力加熱－計算例（図）］

「頭のにぶい物体」の空気力学とは，大気圏再突入物体の空力加熱の問題であり，半世紀以上前から盛んに研究が進められてきた分野である．とくに最近は，コンピュータの発達によってその解析手法も大きく進化した．ここで示した図は，円錐形状と鈍頭形状の2つの高速飛行物体の頭部周辺の熱環境を計算したものである．マッハ8～10程度の極超音速流れの計算例では，鈍頭形状の先端部と衝撃波との距離が非常に短くなり，流れの特徴がわかりにくくなるため，ここでは，再突入物体の飛行速度としては比較的遅いマッハ4の例を示したが，基本的な流れの様相は変わらない（ただし，飛行速度が大きくなるに伴って温度環境はより厳しくなる）．

アレンが推論したように（コラム3参照），円錐形状と比較して，鈍頭物体の先端周辺の空気は非常な高温になることがわかる．

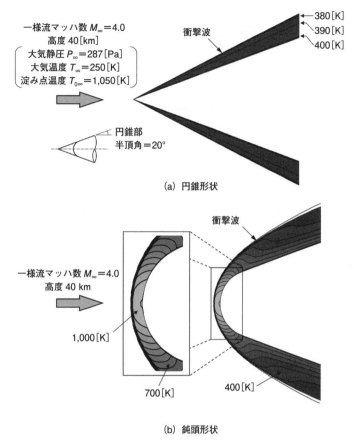

図　高速飛行物体頭部回りの熱環境（解析・永田靖典）

【注】

注6.1　**有害な変形**：航空宇宙分野の構造設計において，「構造体の機能を害する変形」のこと．具体的には，構造体が引張り荷重または圧縮荷重を受けたとき，0.2％の永久歪を生じるような変形で，実用上の降伏（Yield）を意味する．この有害な変形には，材料の降伏がない場合であっても，複数の構造体の相互干渉に至る過大な変形や変位が含まれる．

注6.2　**航空宇宙分野におけるチタン合金の使用例**：主構造体にチタン合金を用いて成功した唯一の例は，アメリカ空軍のSR-71超音速偵察機（ブラックバード）である．機体構造の約85％がチタン合金製であった．巡航高度約26,000 m，巡航速度マッハ3.2で，飛行中の胴体表面や翼面の温度は空力加熱によって300〜350℃程度に上っていたもの

と推定される．

　アルミニウム合金製の航空機が飛行できる速度はマッハ 2.2 〜 2.3 までである．それを超える速度で飛行する航空機は，全表面に（スペースシャトルのように）耐熱材料を貼り付けるか，あるいは全面強制冷却する必要がある．世界で唯一の超音速旅客機（SuperSonic Transport : SST）として運航していたコンコルド（Concorde）はアルミニウム合金製で巡航高度約 16,000 m，巡航速度マッハ 2.02（[3 = 第 3 版, 表 B1.4b]），巡航中の機体の表面温度は 100 ℃程度であったと推定される．一方，ボーイング社が設計競争で獲得したアメリカの SST はチタン合金製の機体で巡航速度はマッハ 2.7 を想定していたが，実現しなかった．

7. ロケットの分離機構

☆ 7.1 分離機構とは

宇宙ロケットは発射整備作業中，発射台上に固定されている．リフトオフの瞬間にその拘束が解除され，上昇飛行を開始する．ロケットはその後，宇宙空間に到達するまでの間，固体ロケットブースタの燃え殻，衛星フェアリング，第1段機体，第2段機体など，役割を果たして不用になった構造体を次々に分離・投棄しつつ飛行する．

1つの構造体をロケット本体から分離する，ということは，分離する部分をあらかじめ地上で結合しておき，飛行中にその結合を解除・分離して投棄することを意味する．「分離機構」とは「結合・結合解除・分離・投棄」という一連の作業を合理的に完結させるシステムである．分離する箇所を直接切断して分離するという方法も用いられる．分離機構は，分離する直前までは十分な結合力を有しているが，分離する瞬間には確実に分離することが求められる．

分離機構およびその基本となる「火工品（かこうひん）（Pyrotechnics）」は特殊な分野の技術を利用するものであり，専門の技術者を除いて一般に広く理解されていない．専門書や文献も少ない．宇宙ロケットの重要な構成要素であるにもかかわらず，（いかなる理由によるものか不明であるが）『航空宇宙工学便覧』［3＝第3版］から省かれている．

☆ 7.2 火工品の効用

ロケット機体各部の分離はきわめて短時間に，かつ安全・確実に完了する必要があり，この目的のために火工品が用いられる．火工品は，火薬や爆薬を用いて

126   7. ロケットの分離機構

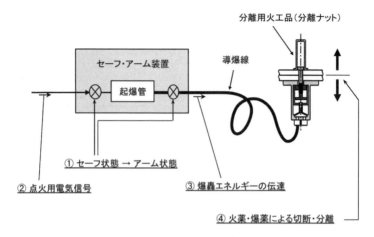

図 7.1　火工品を用いた分離機構の概念―導爆線を用いた分離ナットの例―
　　　　（参考 [62]）

瞬間的に発生するエネルギーを利用する装置のことで，一般産業用のほか航空宇宙分野で広く用いられている．機械式や油圧・ガス圧方式と比べてメカニズムが単純で，瞬間的に大きなエネルギーを利用できる上，装置が小型・軽量で作動電力が小さくて済む．宇宙ロケットに多用される火工品は，安全性および信頼性の面で優れた実績を有している．火工品を用いたロケット分離機構の機能に関する概念を図 7.1 に示した．

(1) 火薬と爆薬

火工品は火薬と爆薬を利用する．火薬および爆薬は，熱や衝撃が加えられると急激な化学反応を起こして高エネルギーを発生する化学物質である．火薬による化学反応（燃焼）を「爆燃（ばくねん）」と呼び，燃焼速度は亜音速である．固体ロケットの推進薬は火薬の一種である．また，爆薬による急激な化学反応を「爆轟（ばくごう）」と呼び，燃焼速度は超音速となる．雷管は爆薬を金属容器に装塡した起爆管である．

(2) 起爆管

装塡した爆薬を電気エネルギーによって起爆し爆轟エネルギーを発生させるもので，鋭感型と鈍感型がある．安全のため，現在は「鈍感型起爆管」が標準になっている．

(3) 導爆線

切断・分離する部分に起爆管を直接装着することもあるが，通常，起爆管に導

爆線をつなぎ，最終作動火工品に爆轟エネルギーを伝える方式が用いられる．導爆線は，（単位長さ当りについて）少量の爆薬を金属で被覆して爆破機能を封じ込めて，起爆管で発生した爆轟エネルギーを最終作動火工品まで伝える．爆轟信号は導爆線内を 6,500 〜 7,000 m/s の高速度で伝わる．導爆線そのものは，安全性が保証されているのでロケット機体の中を電気配線と同様に取り扱うことができる．この導爆線の配線全体を（電気回路に対して）「火工品回路」と呼ぶ．

(4) セーフ・アーム装置

ロケット打上げ前の整備作業で，機体には多数の火工品が装着される．整備作業中にいずれか 1 つの火工品が誤作動すれば，大惨事を招くことになる．そこで，高い安全性が要求される分離機構には，起爆管の起点にセーフ・アーム装置（Safe and Arm Device）を取り付ける．この装置は，セーフ（Safe）の状態のときは起爆管が万一発火してもその先の導爆線への出力は阻止されるが，アーム（Arm）状態のときは，点火信号を受けるとただちに導爆線に伝爆するという装置である．地上での整備作業中はセーフの状態にしておき，リフトオフ直前にアーム状態に切り替える．

☆ 7.3 代表的な火工品の作動原理

(1) 分離ボルト

2 つの金属物体を結合する単純な方法はボルトとナットによるもので，その結合を解除して分離するときはボルトを切断するか，ナットを取り外す．大別して次の 3 種類の分離ボルトがある．
① ボルト内に内蔵した火薬を爆発させる爆発ボルト
② ノッチ（切欠き）付きフランジブルボルト
③ ボルトカッター方式の分離ボルト

分離ボルトは構造が単純であるというメリットをもつが，大型構造体の分離に使用するケースは少ない．とくに爆発ボルトは，大型になると火薬量が増えて分離時の衝撃が大きくなり，飛散する破片の量も多くなるためである．

(2) 分離ナット

図 7.2 に示すように，はじめにボルトと（3 分割または 4 分割された）ナットを結合し，ナットの外側から箍（ホルダー）で拘束しておく．火薬が作動すると同

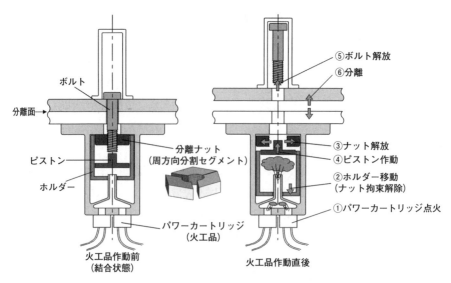

図 7.2 分離ナットの作動原理（参考 [62]）

時にこの外側の拘束枠が外れて，結合が解除される．直後，ピストンがボルトを押し出すことにより2つの物体が分離する．「分離ナット」による分離は切断ではなく結合の解除であるため，大きな結合力を確保できる一方，分離時の衝撃が小さいというメリットがある．このため，分離ナットはロケット機体だけでなく，衛星分離のためにもよく用いられる．

(3) V型成形爆破線

ロケットが大型になると分離装置も大型になるため，軽量化を図る目的で分離部分を直接切断・分離する V 型成形爆破線（Linear Shaped Charge：LSC）が用いられる．これは，「断面形状が V 字型の火工品が作動すると爆轟エネルギーが一方向に集中する」という「モンロー・ノイマン効果」を応用したものである．図 7.3 に示すように，起爆により金属被覆が爆破され，高圧ガスとともに金属微粒子が（金属板面の）切断予定線（V 字型の中心線の直下）に集中して衝突することにより金属板を切断する．切断は，非常に短い時間に溶断とクラック破断の2段階で行われる．

LSC は分離ナットに比べて作動時の衝撃が大きく，破片が発生するので装着場所を選び，また，破片の対策を講ずる必要がある．しかし，軽量である上，正確

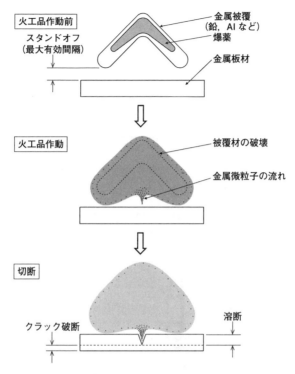

図7.3　V型成形爆破線—モンロー・ノイマン効果による金属構造部材の切断原理—（参考 [27]）

で信頼性が高いため多用される．分離のためだけでなく，ロケットの異常飛行が確認されたとき，飛行安全のため，ロケット機体を破壊する際にも用いられる（第9章参照）．

☆7.4　宇宙ロケットの分離機構

(1) リフトオフ時のロケットと発射台との分離

　宇宙ロケットはリフトオフの瞬間まで発射台上で固定されている．リフトオフ時にその拘束を解除してロケット機体が発射台から離れる手法には単純で優れたメカニズム（機構）がある．発射台の「射座固定台上の（3～4本）の金属ピン」を「第1段機体底部の同数のホール」にはめ込むことにより，射座固定台がリフ

トオフ前のロケット全体を支える．金属ピンは「位置決めと芯出し」のためのもので，機体と発射台とは機械的に結合されていない．リフトオフとともに，ゆっくり上昇する機体は金属ピンからゆっくり抜けることにより発射台から離脱する．これは，もともとアメリカのデルタ・ロケットで実用化され，わが国初期の N-1, N-2, H-1 ロケットで導入・使用された方法で，現在 H-2A ロケットでも用いられている．

H-2 ロケットでは，固体ロケットブースタ（SRB）2 基が機体本体を抱くように支え，その底部を射座固定台にボルトと分離ナットで結合・固定していた．発射前のロケット全重量を 2 基の SRB が支えているが，リフトオフ時に分離ナットの作動により結合を解除する．これはスペースシャトルと同じ方式であった．

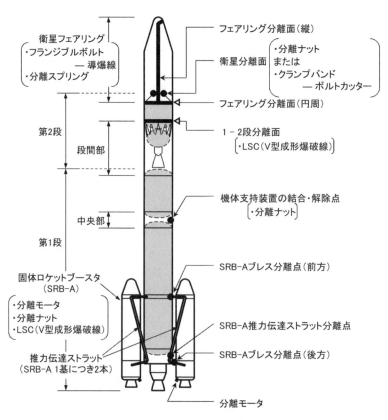

図 7.4　H-2A ロケットの分離機構配置図（参考 [49], [50], [51]）

☆ 7.4 宇宙ロケットの分離機構

なお，リフトオフ前のH-2Aロケットは，機体の転倒と揺動を防止するため，発射台上の「アンビリカルタワー」（注，p.135 参照）と機体本体が金属バーによって結合されており，リフトオフ時，分離ナットの作動によりこの結合を解除する（図7.4 参照）．

(2) 大型固体ロケットブースタの分離

N-1，N-2，H-1など，中型の宇宙ロケットでは，第1段機体の回りに取り付けた固体補助ロケットの燃え殻を機体本体から機械的に押し出して分離・投棄した．

一方，補助ロケットが大型になると，この機械式分離メカニズムは第1段機体本体に損傷を与える危険性が増すため適用できない．

燃焼終了後の大型固体ロケットブースタが自身のもつ小型固体ロケット（分離モータ）の噴射によってコア機体から離れていく方式はアメリカのタイタン・ロケットで実用化され，スペースシャトルでも採用された．わが国では，H-2ロケットの固体ロケット（SRB）で初めてこの方式を採用した（図7.5 参照）．H-2Aロケットの分離方式はきわめて複雑で，大型固体ロケットブースタ一般には推奨できない．

(3) 機体段間部の分離

薄肉円筒形状のロケット機体の円周方向にV型成形爆破線（LSC）を装着し，その作動とともに瞬時に切断・分離することができる．H-2Aロケットの第1段機体と第2段機体は，LSCによって切断した後，第1段側に装着した分離スプリングによって第2段側を押し出すことによって1-2段の分離が完了する．

(4) 衛星フェアリング分離

衛星フェアリングの構造体としての側面は第6章に記した．

図7.5　分離モータによる大型固体ロケットの分離
　　　―H-2ロケットSRBの分離試験（1988年）
　　　―（引用［41］，出典：JAXA）

その分離機構はペイロードの軌道投入というミッションを左右する重要なシステムである．分離の際，火工品の作動によって衛星に強い衝撃を与えてはならず，爆発ガス（微小粉末）によって衛星の太陽電池パネルや光学センサを汚してはいけない，分離直後のフェアリングは衛星に接触してはならないなど，厳しい要求条件が課せられている．このため，（分離直後の）大型薄肉構造体の真空中における挙動については，可能な限り開発試験で確認しておくことが求められる．代表的な２つのフェアリング分離機構を紹介する．

① クラムシェル分離方式　図7.6にH-2ロケットフェアリングの分離機構を示した．i) 第２段機体とフェアリングの結合（円周方向），ii) 左1/2フェアリングと右1/2フェアリングの結合（縦方向），という２つの結合を解除して分割・分離する（H-2Aロケットはまったく同じシステムを引き継いでいる）．作動メカニズムは以下のとおりである．

飛行前に，フェアリングの分割面（円周方向と中央縦方向の分割面）を多数のノッチ付きフランジブルボルトとナットで結合する．ボルトの両脇に小径導爆線を内蔵した偏平スチール管を組み込んでおく．導爆線を作動させると，爆発ガスにより金属管が瞬時に大きく膨らむ．その衝撃力でボルトはノッチの箇所で切断され，フェアリングの結合（上記i) とii)) は分割面に沿って解除される．

小径導爆線を内蔵した偏平スチール管は２本装着される．このうちの１本が

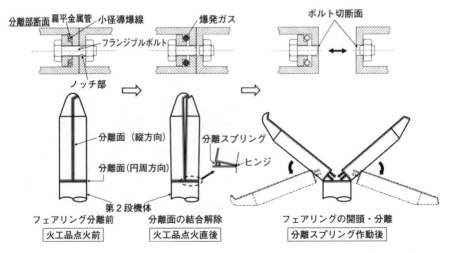

図7.6　フェアリング分離機構—H-2ロケットのクラムシェル開頭方式—（参考 [41]）

☆ 7.4 宇宙ロケットの分離機構

（万一）作動しなくても，残りの1本だけで分離部の結合は解除される（これを冗長系と呼ぶ．信頼性設計の一手法で，失敗の許されない重要なシステムに適用する）．

上記i)とii)の結合が解除されると，次の瞬間，フェアリング下端中央部寄りに取り付けた「分離スプリング」が作動する．すると，2分割されたフェアリングは第2段機体分離面外周部のヒンジ部を支点にして回転し，クラムシェル（貝殻）の形で左右に開頭する．2分割されたフェアリングは，ロケット機体の加速飛行により，迅速にロケット機体から離れ，海面に落下していく．

このフェアリング分離方式は，「結合の解除」（火工品）と「開頭・分離」（分離スプリング）が2段階で行われるもので，クラムシェル方式と呼ばれる．ロケット本体の飛行加速度が比較的大きいときの開頭・分離に適した手法である．

② 平行分離方式　アメリカのデルタ・ロケットで開発された方式で，技術導入によりわが国のN-2およびH-1ロケットに用いられた．図7.7に示すように，導爆線の作動直後，ベロー部は爆発ガスにより瞬時に大きく膨らみ，その衝撃力により，剪断ピンが切断され，同時に分割面が相互に押し合い，2分割されたフェアリングはロケット本体から離れていく．この平行分離方式は，「結合の解除」と「開頭・分離」の2つの機能を1回の動作で達成する，という優れものである．

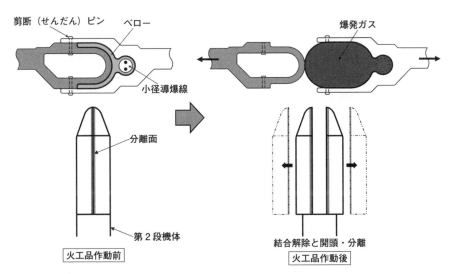

図7.7　衛星フェアリングの分離機構―デルタ・ロケットの平行開頭方式―（参考［3 = 第2版，p.889］）

平行分離方式は，ロケットの飛行加速度が比較的小さいときの開頭・分離に適している．

H-2ロケットの国産開発を計画していた時点で，旧宇宙開発事業団（NASDA）は当初，この平行分離方式の採用を検討したが，アメリカ企業のもつ特許とノウハウの問題があったために断念し，現在のクラムシェル分離方式を選択した経緯がある．上記2例の方式は，いずれも，火工品作動後に爆発ガスを外部に出さない密封型であるため，衛星の表面を汚染する心配はない．

(5) 衛星の分離

衛星はロケット機体最上部の「衛星分離部」に取り付けられる．したがって，衛星の分離方式は衛星分離部の仕様によって決まる．H-2Aロケットの衛星分離部の仕様は最近まで公開されていなかったので，ここではアリアン（欧），デルタ（米），アトラス（米）の各宇宙ロケットで用いられている衛星分離方式を公開資料により紹介する．

① 分離ナットによる結合・分離—大型衛星　衛星と衛星分離部を4～8個の分離ナットで結合する．分離ナットの結合解除の直後，衛星分離面に取り付けたスプリングの作動によって衛星を機体から押し出す．作動時の衝撃力が小さいうえ大きな結合力が得られるため，大型衛星の分離に適している．より大型の衛星の場合，結合解除の後，ロケット上段（第2段）機体が，ガスジェットやレトロモータの作動により，自ら後退するという分離方式も併用される．

② クランプバンドとボルトカッターによる結合・分離—小型・中型衛星　図7.8に示すように，衛星と衛星分離部を「クランプバンド」で固定し，円周方向の1か所（または2か所）に取り付けたボルトで締め付けて結合する．ボルト部分にボルトカッターを取り付けておき，火工品の作動によりボルトを切断して（衛星と衛星分離部の）結合を解除する．その直後，衛星分離部（機体側）に装着された分離スプリングの作動により，衛星はロケット機体（上段）から離れていく．

この方式を大型の衛星に適用しようとすると，クランプバンドには大きな締付け力とその締付け力に耐える（衛星分離部の）円周部の強度・剛性が必要になり，全体の質量が増大する．また，衛星が大型になると，クランプバンドの締付け力が増大し，（ボルトカッターの）火薬量が多量になるため，分離時の衝撃力は大きくなる．したがって，この分離方式の適用は（直径2m程度以下の）小型または中型までの衛星に限られる．

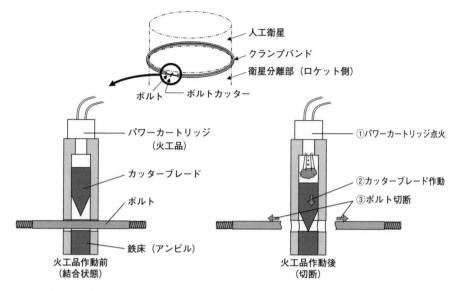

図 7.8　衛星の分離機構—クランプバンド／ボルトカッター方式—（参考 [62]）

　衛星分離の際の衝撃力はできる限り小さい方が望ましい．欧米では近年，電気方式またはガス圧方式によりクランプバンド（結合部）を結合解除する「低衝撃型衛星分離部」が実用化された．現在，わが国においても開発を進めている模様である．

第 7 章で参考にした主な文献：[27]，[57]，[58]，[59]，[62]

【注】
アンビリカルタワー（Umbilical Tower）：発射台上に起立するロケットのすぐ横に設置されている塔で，高さはロケットよりやや高い．ロケットの発射準備作業をするために必要な電気系配線や（空調などの）各種配管類は，このアンビリカルタワーを介して，機体内部と地上の設備とをつないでいる．リフトオフの直後，配線・配管類の結合部は，上昇を開始するロケットに損傷を与えないように機体から離脱する．"Umbilical" とは「へその緒」のことで，いみじくも，宇宙ロケットはリフトオフした後に初めて「独り立ち」できることを示している．

8. 宇宙ロケットの飛行と誘導制御

☆ 8.1 飛行経路の設計

a. 基準飛行経路

　宇宙ロケットは地上から発射された後，どのようなルート（経路）を飛行して衛星や探査機の軌道に到達するのであろうか．ロケットの飛行経路は民間航空機の航空路のように法律上の制約を受けるものではない．しかし，ロケットは国際関係上の制約を受けるうえ，限られた推進薬量を効率的に消費してペイロードを目標軌道に運搬する役割をもつ．そのため，最適の飛行経路（Trajectory）をあらかじめ設計しておく必要がある．

　一般に，宇宙ロケットは地表から垂直方向に発射される（その理由は第9章で明らかになる）．その後，機体を早めに前方に倒していく「低い経路」から，ゆっくり倒していく「高い経路」に至るまでの間に多くの飛行経路が成立しうる．

　可能性のある数多くの経路の中から，様々な条件の下で成立する最適な飛行経路を飛行解析（あるいは飛行経路解析）によって求める．それは，ロケットが特定のペイロードを，最も効率的な推進薬消費により一定の誤差範囲内で目標の衛星軌道に投入するときにたどる飛行経路である．主要な条件は以下のように要約できる．

(1) 前提・要求条件

① ロケットの機体特性と性能：構成，構造，各段の推進性能など
② 衛星・探査機のミッション要求：ペイロード質量，軌道，打上げ日・時刻など

(2) 制約条件

① ロケット発射場の地理的条件
② 大気および風の条件：（機体に対する）空力荷重が許容範囲内に収まること

③ 地上局との通信：ロケットを追跡する地上局との通信が確保されること．飛行状況のモニタおよび緊急時の通信（指令電波発信）のため

④ 飛行安全：分離・投棄された構造物が外国の領土・領海内に落下しないこと

飛行経路解析によってフライトごとに決める最適飛行経路をここでは基準飛行経路（Reference Trajectory）と呼ぶ（名称はプロジェクトごとに異なる）．いったん基準飛行経路が決まると，次に，ロケットをいかにしてこの「基準飛行経路」または（実際の飛行条件下における）「最適飛行経路」に沿って飛行させるかの問題になる．誘導制御とは，このロケットの飛行経路を管理するシステムである．

実際の飛行経路は微分方程式を解くことによって求める．その際，飛行経路解析で用いるデータのうち，大気の気圧・密度・気温やその他の特性は「標準大気モデル」のデータを用いる．代表的な大気モデルのうち，「アメリカ標準大気76」[11] が広く使用される．発射場近辺の上空風については観測・統計データを用いる．

基準飛行経路は，その解析に用いる多くのデータの誤差を考慮するため，発射場から衛星軌道に至る1本の線ではなく，平均値を中心にした細長い円柱状になる．その断面の円の広がりは，誤差範囲のとり方にもよるが，通常は$\pm 2\sigma$または$\pm 3\sigma$を選択する（σは標準偏差を示す．第6章6.3節参照）．

静止衛星を打ち上げるときのH-2Aロケットの飛行経路を図8.1に示す．公開資料に基づいて作成したものであるが，基準飛行経路に近いと考えてよい．

b. 姿勢変更の設定

図8.1に示すように，地表から垂直に発射されたロケットは，機体を徐々に前方に倒しつつ飛行を続け，目標の低高度地球周回軌道（LEO）に到達したとき（それが円軌道のとき），機体姿勢は局所水平となる．

ロケットは，基準飛行経路に沿って飛行するために必要な機体姿勢変更のタイム・スケジュールを，「機体姿勢角の時間変化率」（角速度，Programmed Rate：プログラムレート）の形でロケットに搭載されたコンピュータに記憶させておく．これがあらかじめ設定した「姿勢変更プログラム」であり，これが（無誘導飛行のときに）フライトソフトウェアから発信され，それに基づいて制御装置は機体の操舵を行う．

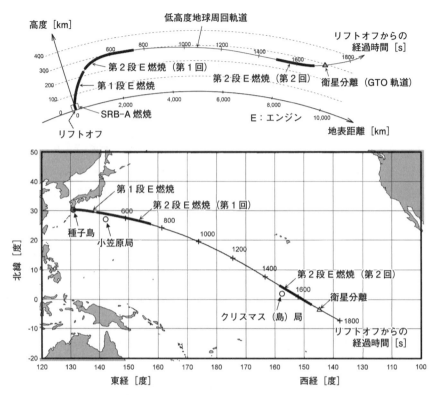

図8.1 H-2Aロケット（標準型）の標準的な飛行経路—静止衛星打上げ時—（参考 [2], [50], [52]）

c. イベント・シーケンスの設定

　宇宙ロケットは，発射から目標軌道到達までの間，各段エンジンの燃焼開始・停止，機体の分離などを頻繁に行う．この一連の事象を，イベント・シーケンス（Sequence of Events）と呼ぶ．この一連のシーケンスをあらかじめコンピュータに記憶させておき，飛行中にその信号をフライトソフトウェアから発信して各制御機器を作動させる．

☆ 8.2　ロケットの誘導制御

a.　誘導制御の役割

　誘導制御とは，宇宙ロケットが地上から飛び立って宇宙空間の（当初の）目標軌道に到達するまでの間，基準飛行経路またはそれに近い実際の最適飛行経路に沿って飛行するよう，飛行経路を管理することであり，実際の作業は搭載コンピュータ内のフライトソフトウェアが行う．

　この複雑かつ高度な作業を行うため，（搭載コンピュータ内の）フライトソフトウェアは航法（Navigation）・誘導（Guidance）・制御（Control）の3つの機能を果たす．これが誘導制御であり，英語では"Guidance, Navigation and Control"という．ロケットは航空機とは比較にならないほどの高速で飛行するため，誘導制御の作業は，人間の手を介さずに自動的に実行される．3つの機能を以下に要約する．

① 航法（Navigation）　　飛行しているロケット自身の現在位置・現在速度（注8.1，p.162参照，いずれもベクトル量）と現在の機体姿勢を決めることである．

② 誘導（Guidance）　　ロケットの現在の位置・速度から目標の衛星軌道に至る最も効率のよい実飛行経路を決めること，および，それに向かうための目標姿勢（＝目標推力ベクトル）を計算し，その結果を時々刻々，誘導コマンドとして制御系に発信・指示する．また，ロケットが目標とする軌道の条件を満足したとき，ただちにエンジン推力を切ることができるよう，燃焼停止のタイミングを計算し，最後にその指令を出す．

③ 制御（Control）　　一般に誘導制御というときの制御は機体の姿勢制御（Attitude Control）のことで，誘導コマンドによって指示されたとおりにロケットの姿勢を変更・維持する機能を意味する．そのため，エンジン推力の方向を変更（＝操舵）することによりロケット機体を回転させる．姿勢制御に加えて，エンジンの点火・停止や機体分離など，一連のイベント・シーケンスの制御も行う．

　図8.2に，現在の主流である慣性誘導制御システムの概念を示した．

b. 電波誘導と慣性誘導

ロケットの誘導制御法には大別して「電波誘導」と「慣性誘導」の2つの方式がある．「電波航法」に基づく誘導制御を電波誘導，「慣性航法」に基づく誘導制御を慣性誘導と呼ぶ．電波誘導は，航法と誘導の部分を地上のコンピュータで行い，誘導コマンドを地上からの電波で送るシステムである．図8.2は慣性誘導の例である．

電波誘導は，地上局の制約のため打上げ飛行経路の選択の幅が狭く，様々なミッションに柔軟に対応できない．初期に使用されたが，現在はまず使われない．

慣性誘導は，外からの助けを一切借りることなく，また，外部の電波に妨害されることなく，ロケットに搭載された機器とフライトソフトウェアによってロケットが自身の進む道を見つけていくシステムであり，電波誘導に比べて精度と融通性の面で優れる．現在，ほとんどすべての宇宙ロケットが慣性誘導方式を用いるが，その背景には，エレクトロニクスの急速な進歩によって実用化された小型搭載コンピュータや小型高性能センサの技術がある．以下，慣性誘導制御に的を絞って記述する．

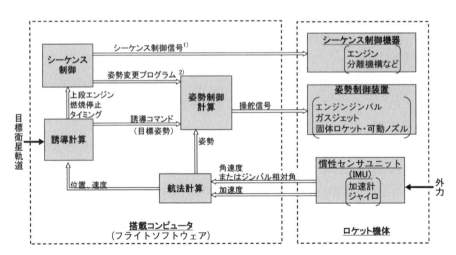

注1)・基準飛行経路に沿って飛行するための
   　分離・エンジン点火等のシーケンス信号
　・上段エンジン燃焼停止指令信号

注2) 基準飛行経路に沿って飛行するための姿勢

図中の位置・速度・加速度はベクトル量を示す．

図8.2 ロケットの慣性誘導制御システム（参考 [38], [63], [64]）

☆ 8.3 慣 性 航 法

a. 航法の原理

「航法」とはロケットの位置・速度（速さと方向）・機体姿勢を決定することである．すなわち，ロケット自身が現在どの地点にいて，どのくらいの速さで，どの方向に向かって，どんな姿勢で飛行しているか，を決める機能を意味する．

古くから航海で用いられてきた推測航法は，船の現在の位置と速度を知ることによって一定時間後の位置を推定し，これを繰り返すことによって自らの航行するコースを把握する技術である．したがって，古典的な意味における「航法」は船などの移動物体の「現在位置」と「現在速度」を決める機能である．3次元空間を飛行するロケットの航法は同じ原理に基づいているが，もう少し高度で複雑になり，位置と速度のほか「機体姿勢」を決めることも航法機能に入る．宇宙ロケットの慣性航法システムは，慣性センサという計測機器（ハードウェア）とそこで得られたデータに基づいて航法計算を行うソフトウェアから構成される．

b. 慣性センサユニット

慣性センサユニット（Inertial Measurement Unit：IMU）は原則，（3次元の直交3軸に対応した）加速度計3式とジャイロ3式で構成される．加速度計は「ニュートンの慣性の法則」を利用した慣性センサで，ロケット機体の受ける加速度を検出する．一方，ジャイロは機体の姿勢角度または角速度を計測するための機器である．

(1) 加速度計

飛行中のロケットに「外力」（エンジン推力，空気力，重力）が作用すると，機体にはそれぞれの外力に応じた加速度が生じる．その大きさは「ニュートンの運動の第2法則」によって決まる．すなわち，「質量 m の物体に力が加えられると，その物体には，加えられた力の大きさに比例し m に反比例した加速度が生じる．加速度はその力と同じ方向を向く．」

外力の作用によって生じる機体加速度のうち，加速度計は"重力を除く力の加速度"を検出するが，下記（2）に示すように，「重力加速度」は検出できない．機体の受ける「全加速度」は，加速度計で検出された加速度に，搭載コンピュー

タで計算した重力加速度を補正することにより求めることになる．

　航法計算は慣性座標系（第10章参照）で行うので，IMUの機体への搭載方法（後述）によっては，検出された加速度を座標変換する必要がある．慣性座標系において，ロケット機体の全加速度は，以下のように表すことができる．

$$\frac{d^2\boldsymbol{r}}{dt^2} = \boldsymbol{\alpha} + \boldsymbol{g} \tag{8.1}$$

ここで，$\boldsymbol{r}$：機体の位置ベクトル，$\boldsymbol{\alpha}$：機体の加速度ベクトル（重力を除く外力によって機体に生じた加速度），$\boldsymbol{g}$：重力加速度ベクトル．

　搭載コンピュータで航法計算するとき，式 (8.1) を積分して現在速度を得，さらに積分して現在位置を決める．このとき，地球の重力加速度は，コンピュータに記憶させておいた地球の「重力ポテンシャルモデル」（注8.2, p.162 参照）から計算する．

(2) 加速度計は何を検知するのか？

　「加速度計は重力加速度を検出できない」という現象について，宇宙工学の入門書の中でていねいに解説した事例は見当たらない．しかし，この初等物理学の問題は学生や初心者にとって「誘導」のみならず宇宙工学を深く理解するための基本になるので，ここは初心に帰って考えてみたい [1 = p.13-61]．

　慣性センサの1つである加速度計は，エンジン推力や空気力などの「重力を除く力」による加速度を検出するが，重力（万有引力）による加速度は検出できない．たとえば，真空の宇宙空間を自由落下する人工衛星や宇宙ステーションは，地球重力によって加速飛行しているにもかかわらず，加速度計は何も検出しない．加速度計が重力加速度と同じ加速度をもつ「基準座標系」で計測しているからである．別の見方をすれば[38]，加速度計は「重力場」によって誘起された加速度を検知できないのである．

　具体的な例を図8.3に示す．「質量-バネ方式」の単純な加速度計を搭載したロケットが真空中を垂直上昇と垂直下降する3ケースの運動を考える．

① 自由落下運動では，ロケット機体は地球中心に向かって $-\boldsymbol{g}$ の加速度を受けて加速運動しているが，加速度計は何も検出しない．

② リフトオフ前，発射台上に起立するロケット機体には，重力と上向きの「垂直抗力」が作用するが，両者は釣り合っている．しかし，無重力（無重量）状態ではない．ロケットは静止しているが，加速度計は"上向きに" $+\boldsymbol{g}$（垂直抗

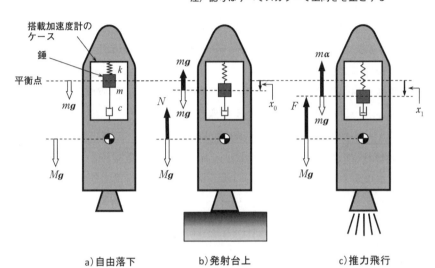

① 加速度計が検知する加速度	0	g	α
② 飛行加速度 (①$-g$)	$-g$	0	$\alpha-g$
飛行（運動）方向	↓	0	↑ ($\alpha>g$ の場合)

注）記号はすべてスカラーで上向きを正とする

a) 自由落下　　　　b) 発射台上　　　　c) 推力飛行

F：エンジン推力　$F=M\alpha$, M：ロケットの全質量, N：垂直抗力　$N=Mg$, α：エンジン推力の作用により機体の受ける加速度, c：粘性減衰係数, g：地球の重力加速度（機体位置の高度により異なる）, k：バネ定数, m：錘の質量, x_0, x_1：バネの伸び, $x_0=mg/k$, $x_1=m\alpha/k$.

図 8.3　加速度計は何を検出するか―ロケットの垂直上昇・落下運動（真空中）―

力による加速度）を検出している．バネの伸びは $x_0=mg/k$ となる．

③ エンジン推力による加速度が重力加速度より大きいとき，ロケットは垂直上昇運動をする．加速度計はエンジン推力による加速度 α を検出するが，機体の上昇加速度は $(\alpha-g)$ である．バネの伸びは $x_1=m\alpha/k$ となる．

　重力検知の問題を古典力学の範疇で考える．重力（万有引力）は，（素粒子に至るまでの）質量をもつ物体（複数）がお互いにあらゆる障害物を透過して作用する力である．遠隔作用と呼ぶ．図 8.3 において，エンジン推力がロケット機体に加えられたとき，この力は錘には直接作用しない．錘は「慣性の法則」により，機体の加速運動から取り残される．この"差"のおかげで，エンジン推力による

加速度が検出できる．一方，重力はロケット機体のあらゆる部分に，錘にも同様に直接作用するので，機体の加速運動と錘の加速運動に差が生じない．結局，重力加速度は検出できない．

ここに示した原始的な質量-バネ方式の加速度計は宇宙開発初期のロケットに使用されたが，現在はもっと洗練されたセンサが用いられる．移動した錘を強制的に元の位置にまで押し戻し，それに要した力の大きさを消費電流で測る方法や，バネの代りに振子を用いる方法などがある．変位そのものは歪ゲージ，圧電素子，静電容量などにより計測する．しかし，いずれの場合も原理は同じである．実際に使用される加速度計については[3＝第3版]を参照していただきたい．

(3) リング・レーザ・ジャイロとその原理

本来のジャイロスコープ（Gyroscope）は，回転する"こま"の「角運動量保存則」を利用して飛行物体の姿勢（変化）を計測する装置である．以前はこの機械式ジャイロが宇宙ロケットに用いられたが，近年，光学式のジャイロが実用化され，これが現在の主流になっている．光学式ジャイロの代表的なものはリング・レーザ・ジャイロ（Ring Laser Gyro）であり，わが国ではH-2ロケットのために初めて開発された（図8.4）．その頃の使用例は少なかったが，現在は多くの宇宙ロケットで使用されている．

作動原理を考える．リング状（実際は三角形または四角形）のガラス管の中にヘリウムとネオンの混合ガスを封入して左右逆回りの（1対の）レーザ光を発振・伝播させる．レーザ光は基本の周波数でミラーの位置が波動の節になるように発振している．ジャイロが回転すると，「回転座標系で観測される光の伝播時間に方向依存性がある」という原理（サニャック効果）によって，左回りと右回りの2本のレーザ光には光路長の差が生じ，これが波長（したがって，周波数）の差となって現れる．これを測定することにより，ジャイロの回転角速度が求められる．

図8.4 H-2ロケット用リング・レーザ・ジャイロ（引用[41]，出典：JAXA）

図8.5に示すように，入射角を

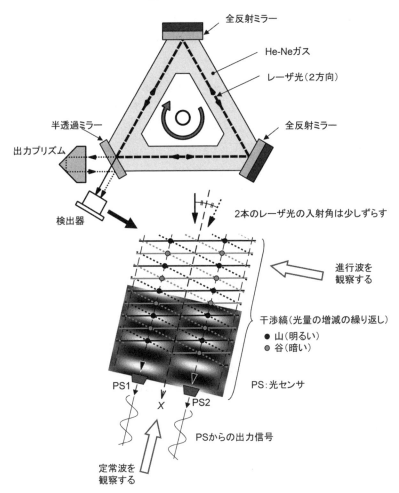

図 8.5 リング・レーザ・ジャイロの原理（参考 [3 = 第 3 版 図 B4.65], [4 = Fig. 4.5.20], [64]）

少しずらした 2 本の光を干渉させる（重ね合わせる）と，「干渉縞（山と谷，光の強弱）」が現れる．干渉縞の山と谷（光の強弱）が波状に横に進むのを観察したものが進行波，それを進行方向（正面）から観察したものが定常波である．定常波には干渉が強い（光の強度変化が大きい）位置と干渉が弱い（光の強度変化が小さい）位置があり，その位置は動かずに光の強度だけが連続的に変化する．いま，入射する 2 本のレーザ光の中間の方向を x 軸とすると，ジャイロが回転するとき，

干渉縞はx軸方向に進む.

　干渉縞の進行速度はジャイロの回転角速度(の大きさ)に比例するので,単位時間当りの(進行する)干渉縞の数を光センサ(PS1またはPS2)でカウントして,ジャイロの「回転角速度の大きさ」を計測する.

　一方,2個の光センサ(PS1およびPS2)により進行波の位相差を検出してジャイロの回転方向を判定する.すなわち,干渉縞の"山"を最初に光センサPS1が検出した後,少し遅れてPS2がこれを検出するのか,あるいはその逆になるのか,によって「回転方向」を判定する.

　「サニャック効果」は,フランスの物理学者Georges Sagnac (1869-1926) が1913年の実験で明らかにしたものであり,厳密にいえば,アインシュタインの一般相対性理論に基づいて説明できる現象である.リング・レーザ・ジャイロは"こま"の原理を利用した機械式ジャイロに比べて精度が非常に高く,また,可動部分が少ないので高い信頼性を確保できるというメリットをもつ.

c. IMUの搭載方式と航法計算

　航法計算は慣性座標系で行う.ロケットの機体は飛行中,機体3軸回りの回転運動をするので,機体の回転運動から独立した慣性座標軸を飛行中のロケット機体内に作り出す必要がある.そのための手法は,IMUをロケット機体に取り付ける方法によって異なる.安定プラットフォーム(Stable Platform)方式では,慣性座標をIMU内に物理的に実現する.一方,ストラップダウン(Strapdown)方式は,これを搭載コンピュータのソフトウェアの中に作り出す.

(1) 安定プラットフォーム方式

① 安定プラットフォームと呼ばれる台の上に,直交3軸の方向に加速度計3式とジャイロ3式を取り付ける.このプラットフォームを原則3軸,通常は4軸のジンバル機構(図8.6)で支えて機体の回転運動から分離する.プラットフォームは発射前に慣性空間上であらかじめ指定した方向に向けておく.

② ロケットの飛行中,ジンバル軸の摩擦等による微小外乱トルクが発生してプラットフォームの姿勢がわずかに乱れる.この姿勢の微小変動をジャイロにより検出し,これをジンバル軸に取り付けたトルクモータによって修正する.結果,プラットフォームは慣性空間に対して常に同一の姿勢(発射前に定めた姿勢)を保つことになり,慣性座標がIMU内に物理的に作り出される.

☆ 8.3 慣 性 航 法

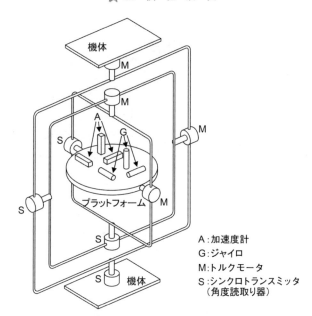

図 8.6 4軸ジンバルによる安定プラットフォーム（参考［3 = 第3版 図 C2.12]）

③ 加速度計により慣性座標系の（重力加速度を除く）加速度を計測する．別途計算した重力加速度を加えて補正した後，これを積分してロケット機体の「現在速度」を得，さらに積分して「現在位置」を得る．この航法計算の結果（位置と速度）を誘導計算のインプットデータとする．

④（隣り合うジンバル各軸間の成す）ジンバル相対角から「機体姿勢」を方向余弦マトリクスとして求め，これを姿勢制御計算へのインプットデータとする．

安定プラットフォーム方式におけるジャイロの役割は，外乱によるプラットフォーム姿勢の微小変動角を検出・修正することにより慣性座標系をこのプラットフォーム上に維持することである．原理的には3軸ジンバル機構でよいが，万一，3つのうち2つのジンバル面が同一平面に並ぶと，1自由度失われて計測不能に陥ることがある（ジンバルロック現象）．そこで，IMUには4軸ジンバル機構を用いる（図8.7参照）．

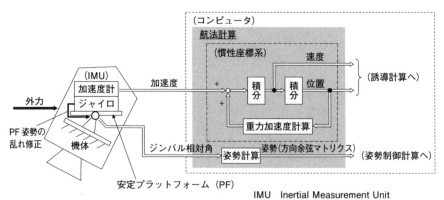

図 8.7 安定プラットフォーム方式による慣性航法（参考 [25 = pp.165-166], [41], [64]）

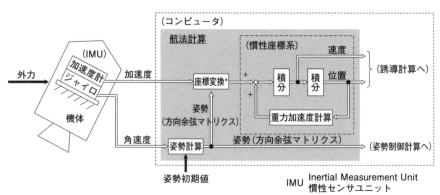

図 8.8 ストラップダウン方式による慣性航法（参考 [25 = pp.165-166], [41], [64]）

(2) ストラップダウン方式

この方式では，航法計算を行うために機体姿勢データが必要不可欠である．機体の姿勢（機体座標系の 3 軸ベクトル）を数学的に表す方法には方向余弦マトリクス，オイラー角，4 元数などの方法があるが，ここでは，従来多用されてきた「方向余弦マトリクス」による表示方法について説明する．方向余弦マトリクスは，慣性座標系から見た機体座標系の機体姿勢を数学的に表現したもので，これを機体座標系から慣性座標系への座標変換マトリクスとして用いる（図 8.8）．

☆ 8.3 慣 性 航 法

① 加速度計3式とジャイロ3式を機体の直交3軸方向に固定する．
② 加速度計は（重力加速度を除く）機体座標系における機体の加速度を検出する．
③ ジャイロは時々刻々変化する機体の回転角速度を検知・計測する．これを積分して機体姿勢を計算する．機体姿勢計算とは，方向余弦マトリクスを時々刻々更新（update）することに相当する．
④ 更新された機体姿勢（方向余弦マトリクス）を用いて，検出した加速度（②；機体座標系）を慣性座標系の加速度に変換する．これに別途計算した重力加速度を加えて補正した後，航法計算を行う．その結果（位置と速度）を誘導計算へのインプットデータとする．
⑤ 一方，③で計算されたロケット機体の姿勢（方向余弦マトリクス）を姿勢制御計算へのインプットデータとする．

　ストラップダウン方式では，慣性座標はフライトソフトウェア上で維持される．この方式は，ロケット機体にIMUを搭載する方法が単純である反面，フライト中に時々刻々座標変換計算を行うので搭載コンピュータの負担がやや大きい．

　ここで，2つの方式を比較する．安定プラットフォーム方式は，ジンバル機構や電動トルクモータなど高精度の機器を必要とするため故障の起きる可能性が大きい．慣性誘導システム開発初期の頃はプラットフォーム方式が主流であったが，その後，高精度ジャイロと高性能・小型コンピュータが実用化されたことにより，現在はストラップダウン方式が主流になっている．

　ジャイロ技術の面から眺めてみる．安定プラットフォーム方式では，ロケット機体の回転運動はプラットフォームに伝わらない．プラットフォームの姿勢を乱すのは，ジンバル軸の摩擦などによる微小外乱トルクであり，この外乱によるプラットフォームの姿勢角変化はたかだか毎秒 $0.1°$ 程度である．したがって，角度変化を検出するジャイロの能力もこの程度の範囲で十分である．これがこの方式のメリットである．一方，ストラップダウン方式のジャイロは，毎秒（最大）数 $10°$ の範囲の計測能力を必要とする．宇宙開発初期の頃，この広入力角ジャイロはまだ実用化されていなかった．

☆ 8.4 誘　　導

a. 誘導はなぜ必要か

　仮定の話から入ろう．もし，ロケットの特性（エンジン性能，機体の質量特性など）や飛行環境（大気の気圧，密度，温度，風など）があらかじめ正確に予測できるのであれば，また，飛行解析に使用したデータに誤差がなければ，ロケットは誘導を必要としない．ロケットは誘導なしで，基準飛行経路に沿って目標軌道まで正確に飛行する．当然，飛行中の姿勢変更とイベント・シーケンスはあらかじめ設定したとおりに作動する．

　現実はどうであろうか．機体構造物には製造誤差がつきものであり，エンジン性能にはバラツキがあり，上空の風向・風速などの飛行環境も予測とは異なる．解析作業に用いた多くのデータにはバラツキがある．実際の飛行では，これらの誤差が重なって飛行経路は予定の基準飛行経路からそれていく．これを放置しておくと，宇宙ロケットはペイロードを一定の精度（誤差範囲内）で目標軌道に投入することはできない．誘導制御とは，ロケットの飛行経路を管理するシステムであるが，その中心的役割は"誘導"が担っている．

b. "誘導をかける"こと

　リフトオフ後，ロケットは基準飛行経路に沿って飛行を始める．このとき，「航法」と「制御」はリフトオフとともに作動し始めるが，「誘導」はまだ作動しない．濃い大気が存在するためである．航法と制御は，リフトオフから目標軌道までの全飛行過程で作動するが，誘導は下記の条件に合う飛行区間においてのみ作動する．

　誘導機能を作動させることを"誘導をかける"と表現するが，このとき「誘導」は単独では機能せず，必ず「航法」と「制御」と同時に機能して初めて"誘導をかけた"ことになる．誘導飛行は，次の条件がすべて満足したときに限られる．
① 推力飛行中（各段のエンジンが作動中）である．
②（空力荷重に対して）機体強度上問題がない．
③ ロケットが安定して飛行できる．
④ 機体の加速度と姿勢角速度が連続的である．

☆ 8.4 誘　　　導

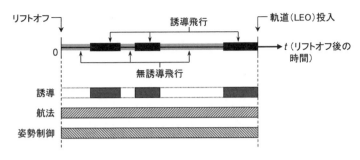

図8.9　誘導飛行の概念

　誘導飛行の概念を図8.9に示した．また，(誘導をかけない) 無誘導飛行のときは，図8.2の誘導制御システムのブロック図で，「誘導計算」に関わるインプットとアウトプットを除いたものとなる．「航法」と「制御」は飛行の全過程で機能しており，シーケンス制御と姿勢変更プログラムも作動しているため，無誘導飛行のことを「オープンループ誘導」とか「プログラム誘導」と呼ぶ専門家もいるが，これは専門家以外の人には誤解を招く．誘導本来の意味では「無誘導」であるのだから．

c. 大気層飛行中の誘導―無誘導飛行―

　リフトオフ後，宇宙ロケットが空気密度の高い大気層内を推力飛行している間は誘導をかけない．無誘導である．誘導をかけると（すなわち，航法・誘導・制御を実行すると），機体の迎え角が限度を越えて大きくなり，機体が空力荷重に耐荷できなくなる可能性が生じる．また，頻繁に操舵を繰り返すと，「動安定性」が悪くなり，ロケットが安定した飛行を維持できなくなる可能性が大きい．

　動安定性とは操舵に対するロケットの過渡運動特性のことで，操舵により姿勢角が時間経過とともに増大する"動的不安定状態"に陥ることがある．これが発散すると，極端な場合，機体は破壊に至る．こうした危険性を避けるため，宇宙ロケットは空気力がほぼ無視できる約50 kmを越える高度に達するまで誘導をかけない．

　ロケットが空気の濃い低高度を無誘導飛行している間，機体が迎え角ゼロに近い状態で飛行できるように姿勢変更プログラムを設定する．ロケットは横方向の荷重に弱いため，このようにきめ細かな処置が必要になる．

こうして大気層内を飛行中のロケットは，航法と制御の機能により，前もって決めたシーケンスと姿勢変更プログラムに従って無誘導飛行する．この間，ロケットの実際の飛行経路は基準飛行経路からずれていくが，その修正はしない．

d. 大気層外飛行中の誘導—誘導飛行—

ロケット機体に作用する空気力がほぼ無視できる高度に達したとき，ロケットは誘導を開始する．すなわち，航法・誘導・制御のループを繰り返しつつ飛行する．ただし，大気層外の飛行においても，「フェアリングの分離前後」および「第1段エンジン停止から第1段機体分離を経て第2段エンジン点火直後」までの間は，上記①と④（p.150）の理由により誘導をかけない．

誘導の重要な機能は，飛行中の各時点で，ロケットの現在位置から目標軌道に至る最適な飛行経路を見出し，それに向かうための目標姿勢（＝目標推力ベクトル）を決めることである．このとき，最適な実飛行経路を「誘導則（誘導方式）」に基づいて決める．多くの手法のうち，代表的な2つの誘導則の考え方を図8.10に示す．

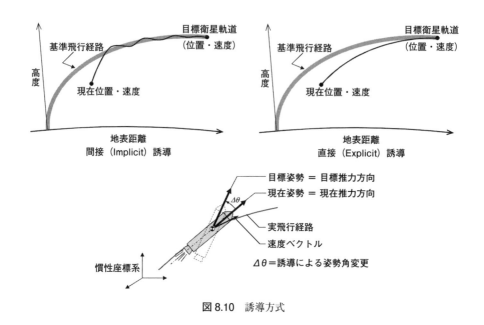

図8.10　誘導方式

(1) 間接誘導

基準飛行経路は，定められた制約の範囲内において，特定のペイロードを最小の推進薬消費量で目標まで運搬する（計算上の）最適飛行経路である．間接誘導（Implicit Guidance）では，飛行中のロケットが外乱により基準飛行経路からそれたとき，その誤差（ズレ）を修正して基準飛行経路に戻るよう，機体の目標姿勢（＝目標推力ベクトル）を決める．ロケットを前もって決めた基準飛行経路に沿って飛行させるという誘導方式であり，搭載コンピュータの負担が少なくて手堅い手法であるが，誘導精度はやや低い．

(2) 直接誘導

直接誘導（Explicit Guidance）はロケットが飛行する「最適飛行経路」を搭載コンピュータで時々刻々（自ら）計算して決める手法である．基準飛行経路は考慮しない．現時点の（ロケットの）位置と速度を初期条件とし，目標軌道投入時の位置と速度を終端条件とする「2点境界値問題」の解を求め，機体の目標姿勢（＝目標推力ベクトル）を決める．コンピュータの負担は大きいが誘導精度は高い．現在はこの方式が一般的である．

大型宇宙ロケットの搭載コンピュータは飛行中，頻繁に航法・誘導・制御の計算を行う．航法計算と制御計算は1秒間に50回前後，誘導計算は1秒間に1回程度の頻度で（計算を）行っているようである．

(3) 上段エンジンの燃焼停止タイミング

直接誘導，間接誘導のいずれの方式であっても，誘導ソフトウェアは，上段（第2段）エンジンの燃焼停止タイミングをたえず計算しており，ロケットの位置と速度が目標の軌道条件を満足したとき，ただちに燃焼停止の指令を送り出す．上段エンジンの燃焼停止により，「誘導」はその任務を終了する．

e. 日本の誘導事情

1970年2月，旧東京大学宇宙航空研究所（現JAXA）はわが国初の人工衛星「おおすみ」を打ち上げたが，このときのロケットは無誘導であった．旧NASDA（JAXA）がアメリカからの技術導入によって開発したN-1ロケットは，わが国初の本格的な誘導を採用して静止衛星を打ち上げた．電波誘導であった．

N-2ロケットのために導入したデルタ誘導システム（DIGS）は当時，世界で最も優れた信頼性と軌道投入精度をもつ慣性誘導装置であった．ストラップダウン

IMU で間接誘導方式を用いたもので，8基の実用衛星を予定どおりの期日・時刻に正確に打ち上げた実績をもつ（注8.3，p.163 参照）．

その後，H-1 ロケットでは，安定プラットフォーム IMU および直接誘導方式の慣性誘導装置を国産開発した．ストラップダウン方式を選ばなかったのは「広入力角ジャイロ」の開発が間に合わなかったためである．H-2 ロケット以降はストラップダウン IMU および直接誘導方式を用いている．これが誘導技術の世界標準である．

☆ 8.5 制　　　御

a. 姿勢制御の方法

ロケットは飛行中，機体姿勢を頻繁に変更することが求められる．ロケットの姿勢制御とは，誘導コマンドによって指示されたとおりにロケットの姿勢を変更する機能であり，それは，（機体重心を原点とする）3軸回りに機体を回転させることを意味する．変更すべき姿勢角度（回転角度）$\Delta\theta$ は，「目標姿勢（誘導コマンド）」と航法計算による「現在姿勢」の"差"である（図8.10）．制御計算結果（図8.2）を操舵信号として送り出し，（エンジンジンバルやガスジェットなど）各姿勢制御装置を作動させて機体を $\Delta\theta$ だけ回転させる．機体3軸回りの回転角の定義を図8.11 に示した．

大型宇宙ロケットの姿勢を制御するためには十分な制御力が必要になるが，その制御力を生み出す手段には次の2つの方法がある．

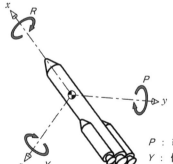

P ： 縦揺れ(Pitch:ピッチ)；機首上げ正
Y ： 偏揺れ(Yaw:ヨー)　；右方向正
R ： 横揺れ(Roll:ロール)；(機軸後方から見て)時計回り正

図 8.11　ロケットの機体3軸と回転角の定義

☆ 8.5 制　　　　御　　　　　　　　　155

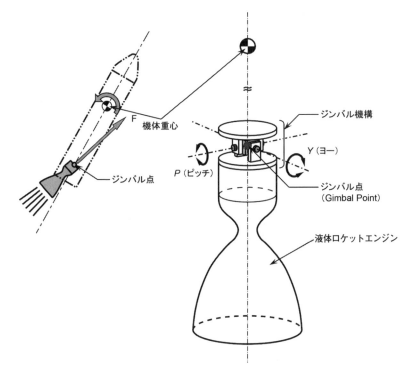

液体ロケットエンジンのジンバルによる姿勢（ピッチ、ヨー）制御

図8.12a　ロケットの姿勢制御

① 推力方向（推力ベクトル）制御法　　エンジンの燃焼室やノズルを機械的に回転させるもの．液体ロケットエンジンのジンバル機構（ピッチ，ヨー，図8.12a）および固体ロケットの可動ノズル（ピッチ，ヨー，ロール，図8.12b）に代表される．

② 小型ロケット推進装置を用いる制御法　　1対の小型推進装置をコア機体外周の左右に取り付けてロールの制御に用いる．代表例は，H-2Aロケットの第1段液体補助エンジンおよび第2段のガスジェット装置である（ロール，図8.12c）．

b. シーケンス制御と姿勢制御

　H-2Aロケットが静止衛星を打ち上げるときの全飛行過程を考え，標準的なイベント・シーケンスに対して航法・誘導・姿勢制御の実行状況を図8.13に示した．

156   8. 宇宙ロケットの飛行と誘導制御

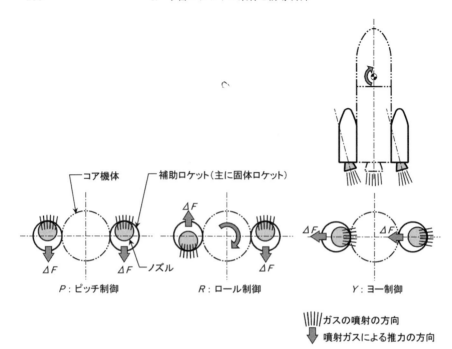

1対の補助ロケット（主に固体ロケット）による3軸姿勢制御

図 8.12b　ロケットの姿勢制御

姿勢制御については，それぞれの制御機器が受け持つ（守備）範囲を示している．

　打上げ直後の第1段飛行中は最も大きな制御力が必要であり，このため，ロールの制御には1対の SRB-A が用いられる．SRB-A が分離された後のロール制御には第1段液体補助エンジンを用いる．これは，第1段主エンジンの燃焼ガスを少量取り出して利用する小型・低推力ロケットであり，コア機体外周に（左右）1対取り付けたものである．第2段ガスジェットは，低推力の小型ガスジェット複数個（多いときは10個以上）で構成される装置を1式とし，これを第2段機体の外周に（左右）1対取り付けたもので，ロール制御に用いる．

☆ 8.6　宇宙ロケットはどのように飛行するか―H-2A ロケットの打上げ―　*157*

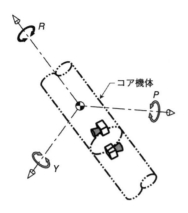

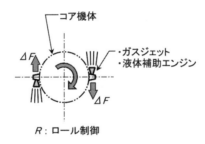

液体補助エンジンまたはガスジェットによる姿勢（ロール）制御

図 8.12c　ロケットの姿勢制御

☆ 8.6　宇宙ロケットはどのように飛行するか―H-2A ロケットの打上げ―

　宇宙ロケットの飛行過程を観察したい．具体例として H-2A ロケットによる静止衛星打上げフライトを想定し，リフトオフから低高度の地球周回円軌道（LEO）を経て静止トランスファ軌道（GTO）に到達するまでの飛行の様子を，主要イベントに即して観察する（図 8.14）．H-2A ロケットの概略仕様については付録 A を

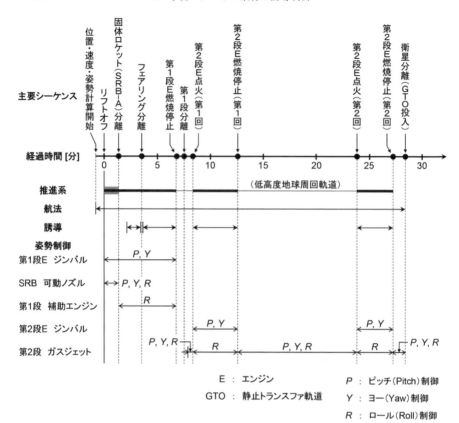

図 8.13 H-2A ロケットの航法,誘導,姿勢制御—静止衛星打上げ時—
(参考 [2], [41], [52], [64])

参照していただきたい.主要イベントの経過時間,高度,地表距離は公開データから推定したものである.

① リフトオフ(Liftoff:発射)

ロケット全段の組立てと衛星取付け作業を完了した H-2A ロケットは,発射台ごと射点に移動する.ここで全段の機能点検を完了した後,第 1 段および第 2 段の液体酸素・液体水素を充填する.その後,最終の自動カウントダウンに入る.以下,主要イベントを発射(リフトオフ)からの経過時間 X(秒)で示す.

カウントダウン作業の中で最も重要なイベントは第 1 段エンジンおよび固体ロケットの点火である.約 $X-5$ 秒,液体ロケットエンジン(LE-7A)に点火し

☆8.6 宇宙ロケットはどのように飛行するか──H-2A ロケットの打上げ── 159

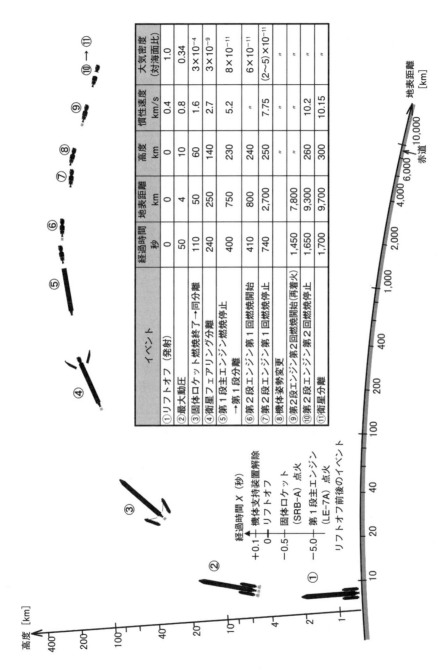

図 8.14 H-2A ロケットの飛行概要─静止衛星打上げ時の標準的飛行─（参考 [2], [50], [52]）

て,それが正常に燃焼を開始したことを確認した直後に固体ロケット(SRB-A)に点火する(約 $X-0.5$ 秒).固体ロケットはいったん点火すると途中で燃焼を停止することができないため,必ずこの手順を踏む.

1989 年 8 月,H-1 ロケット打上げの際,第 1 段液体ロケットエンジン点火の過程で,一部品の不具合によりカウントダウン作業が自動的に"緊急停止"した.リフトオフ予定時刻の 2, 3 秒前である.固体ロケットには点火されず,ロケット機体は,カウントダウン前と同じ姿で発射台上に起立していた.その後,不具合部分を是正することにより,ほぼ 1 か月後,静止気象衛星を成功裡に打ち上げた.

現代の宇宙ロケットは,リフトオフ直前になんらかの不具合が検知されると,液体ロケットの点火を中断し,固体ロケット点火への進行を阻止してロケットが地上から飛び上がることを防ぐ,というシステムを備えている.そのまま打ち上げると,大事故に至るためである.固体ロケットでは,点火の過程でこのような小さな不具合が起きても,救済策を取ることはできない(注 8.4, p.163 参照).

LE-7A と SRB-A が正常に燃焼を開始した直後,H-2A ロケットは,機体とアンビリカルタワーとの拘束を解除して約 $X+0.1$ 秒に発射台を離れる.

リフトオフのとき,液体と固体ロケットの合計推力は宇宙ロケットの全備重量より大きくなければならないが,上昇加速度の制約もあり,むやみに大きな推力にはできない.通常,発射時の全推力は全備重量の 1.5 倍前後に抑えられる.なお,リフトオフ時の H-2A ロケット全推進力はジャンボジェット機の離陸時推力の 4 倍を越える.

② 最大動圧

ロケットは機体を徐々に前方(飛行方向)に傾けてゆっくり上昇し始める.上昇中にロケット機体の受ける外力は,重力,エンジン推力および空気力(揚力と抵抗)であり,空気力はほぼ動圧(注 8.5, p.163 参照)に比例する.ロケットは,構造的に横方向の力に弱いので,空気密度の高い大気層では迎え角がほぼゼロで飛行するよう,機体の姿勢制御を行う.H-2A ロケットの飛行条件では,動圧は高度 10 km 前後で最大となる.

③ 固体ロケット燃焼終了 → 同分離

☆ 8.6 宇宙ロケットはどのように飛行するか―H-2A ロケットの打上げ―　　161

固体ロケットブースタ（SRB-A）は，打上げ直後の短時間に大きな推力を出して重い機体をもち上げる役割を果たす．このとき，ロケット全推力の約 80% を SRB-A が負担する．SRB-A は，高度約 50 km を超えたところで燃え尽きた後，第 1 段機体から切り離される．2 基の燃え殻は公海上に投棄される．この段階でロケットは高度をかなり"稼いだ"ことになるが，獲得速度は軌道投入速度に比べてまだかなり小さい．

④ 衛星フェアリング分離

ロケットの大気圏飛行中，衛星フェアリングは空力荷重，空力加熱および音響振動からペイロードを防護する．空気の影響，とくに空力加熱の影響が無視できる高度に達したとき，フェアリングを分離して公海上に投棄する．

⑤ 第 1 段主エンジン燃焼停止 → 第 1 段分離

第 1 段エンジンの燃焼が終了した後，第 1 段機体（燃え殻）を分離することによってブーストフェーズは終了する．このときの高度は標準的な飛行で 200 km 程度に達する．この高度は大気密度が十分低いので，宇宙空間の入口と考えてよい．しかし，ロケットの獲得速度は小さいので，まだ人工衛星は実現しない．第 1 段の分離により，第 2 段ロケット機体と衛星を合わせた質量はリフトオフ時の全備質量に比べて約 8% となる．分離された第 1 段機体は公海上に投棄される．

⑥ 第 2 段エンジン第 1 回燃焼開始

第 2 段ロケット機体（と衛星）は地表に対して局所水平に近い姿勢で加速飛行に入る．この段階の飛行では，重力と大気によるロケットの速度損失はほぼ無視できる大きさになっている．

⑦ 第 2 段エンジン第 1 回燃焼停止

第 2 段機体（と衛星）は，局所水平に近い姿勢で（この高度における）軌道速度に達したとき，誘導コマンドによりエンジン燃焼を停止して低高度の地球周回円軌道（LEO）に乗る．以後，赤道上空に到達するまで無動力飛行を続ける．

⑧ 機体姿勢変更

約 12 分の無動力飛行中に機体の姿勢を変更して円軌道から GTO 軌道に移行す

るための準備作業を行う．すなわち，再着火（第2段エンジン第2回燃焼開始）するときにエンジン推力の方向が赤道上の地表に対して局所水平になるよう，前もって第2段ガスジェットにより機体の姿勢を変更する．

⑨ 第2段エンジン第2回燃焼（再着火）開始

第2段機体（と衛星）は，赤道上空に到達したとき，第2段エンジンの再着火により軌道速度を増加して「円軌道」から「静止トランスファ軌道（GTO）」に移行する．わが国初期のN-1，N-2，H-1ロケットでは第3段固体ロケットがこの増速操作を行っていた．

⑩ 第2段エンジン第2回燃焼停止

GTOに移行するために必要な速度増加が得られたとき，第2段エンジンの燃焼を停止する．第2段機体と衛星はGTO軌道に乗る．

⑪ 衛星分離

第2段機体と衛星がGTO軌道に乗った後，衛星は第2段機体から分離される．第2段機体の燃え殻は，そのままでは衛星のすぐ傍で同じGTO軌道上を無動力飛行するため，衛星と接触する可能性が残る．接触の危険性を排除するため，第2段機体はタンクから残留推進薬を放出することにより，その微小な反作用力を得て自らGTO軌道から離れていく．

第8章で参考にした主な文献：[1]，[3]，[24]，[25]，[38]，[63]，[64]

【注】

注8.1 **位置・速度・加速度**：第8章で用いる位置，速度，加速度はすべてベクトル量である．ベクトルとは，一般的な意味でいう「方向」のことではなく，「大きさと方向」をもつ物理量を示す．速度のうち「大きさ」だけを示すときは「速さ」と表現する．

注8.2 **重力ポテンシャルモデル**：地球周辺の宇宙空間を飛行するロケットや人工衛星などの運動を正確に記述するには，3次元空間の各点における地球の重力加速度を計算する必要があり，そのため，地球の「重力ポテンシャル」の数学モデルを用いる．第1次近似として，地球を均質な球体と近似したモデルを用いることもあるが，ロケットの航法計算や地球観測衛星の軌道の決定など，より正確な運動を解析する場合は，「回転楕円体モデル」を用いる．このときの重力ポテンシャルは均質な球体モデルを補正するルジャンドルの陪関数として定義される．補正項の中で最も大きい$n=2$項は，地球の赤道半径が極半径よりも膨らんでいる形状を示すもので，その係数J_2は「地球の形の力学係数」，あるいは単に「J_2（ジェイ・ツー）項」と呼ばれる．地球の扁平率は約1/300であ

る．$n=3$ 以下は絶対値が桁違いに小さいため，十分精度の高い地球重力ポテンシャルは次の近似式で表すことができる．

$$U = -\frac{\mu_E}{r}\underbrace{\left[1-J_2\left(\frac{r_E}{r}\right)^2\frac{3\sin^2\theta-1}{2}\right]}_{}$$
　　　　　均質な球体　　　　　扁平形状に関する補正

U：地球の重力ポテンシャル $[m^2/s^2]$, J_2：地球の形の力学係数；1.08263×10^{-3}, μ_E：地球の重力パラメータ；$3.986 \times 10^{14}[m^3/s^2]$, r_E：地球の（赤道方向）半径；6.378×10^6 [m]，r：ロケット・衛星等の地球中心からの距離 [m]，θ：ロケット・衛星等の地心緯度 [deg]

注8.3　**DIGSの真実**：デルタ誘導システム（DIGS）は「俗称ブラックボックス」（政府間協定上の正式名称＝完成品）の形で提供を受けたため，批判的報道が多く，NHK の「プロジェクト X」（2001 年 6 月放映）を頂点とする的外れの誹謗中傷を受けてきた．ここで当事者側から見た事実関係を記すなら，設計・製造ノウハウを除く必要データはすべて提供され，ロケットの開発・運用に支障は一切起きていない．重要な点は，多くの点検・機能試験を通して，わが国の技術陣が，当時世界で最も優れた誘導システムであった DIGS の技術内容を正確に把握し，悲願の H-1, H-2 ロケットの国産慣性誘導システムの開発に大きく貢献したことである．

注8.4　**打上げ失敗？**：H-1 ロケットの不具合が起きたとき，種子島に詰めていた取材陣から，「今回の打上げ失敗について」とか「打上げ失敗の原因は？」と，しつこく追及されて閉口したものである．これは「打上げ失敗」ではない．一部品の故障を検知したとき，作業の進行を止めて致命的な失敗を防ぐ，というシステムが機能したことは優れたシステム工学の成果であったのだが，多くの日本人記者にその点を理解してもらうことができなかったのは事実である．30 年近く前の話である．その 4 年前の 1985 年 7 月，同じことがスペースシャトルで起きたとき NASA は，担当官による事実説明の後，ただちに手順どおりの作業に戻っている．筆者は双方のケースに遭遇した．ケネディ宇宙センターでは見学者として．このときのシャトルは，半年後の打上げ時に爆発事故を起こしたチャレンジャー号であった．

注8.5　**動圧**：船や飛行機やロケットなどの動く物体が水や空気などの流体の中を運動しているとき，逆に見れば，静止している物体の回りを流体が運動しているとき，流体の運動エネルギー（単位体積当り）に相当する量（$\frac{1}{2}\rho V^2$）を動圧と呼ぶ．単位は圧力 [Pa] で，ρ は流体の密度，V は流速である．一般に，船，航空機，ロケットなどが流体から受ける力（揚力と抵抗）の大きさは，"動圧×迎え角"に比例する．

9. ロケットの打上げ運用

☆ 9.1 ロケット打上げの諸条件

　新しい大型宇宙ロケットを開発するためには，およそ10年の年月を要する．スペースシャトルは，ニクソン・アメリカ大統領（当時）の決定（1972年1月）から初号機打上げ（1981年4月）まで9年余り，主エンジンなどの主要コンポーネントの研究開発から数えると10年以上の歳月を要した．H-2ロケットの開発にも約10年かかった．

　大型宇宙ロケットの分野は，民間航空機とは異なり，まだ「100%民間出資」による開発を経て商業活動に進む段階には至っていない（その萌芽は見えている．近未来にはそうなるであろう）．従来型の国（政府）出資による大型プロジェクトを合理的かつ効率的に開発管理するため，NASAは段階別開発方式（Phased Project Planning：PPP）を考案し，ロケットのみならず国際宇宙ステーション（ISS）の開発にも適用してきた[42]．JAXAもこの方式をロケットおよび衛星の開発に準用してきた．

　いずれにしても，宇宙ロケット開発の最終目標は，設計どおりの性能を発揮して打上げに成功することであり，逆に，打上げ結果によって開発の正当性を検証できる．

　ロケットの打上げは狭い意味では発射（Liftoff：リフトオフ）を指すが，一般的には「発射からペイロードの当初予定軌道への投入まで」と考えてよい．それは非常に短い時間で完結する．種子島の発射場から静止衛星を打ち上げるとき，リフトオフから静止トランスファ軌道で衛星を分離するまでに要する時間はおよそ30分である．低高度の地球周回軌道に衛星を運ぶには15分もかからない．

　ロケットの打上げは，すべての機器やシステムが正常に働くことによって成功

する．1つの部品が故障しただけでも，打上げは失敗に至ることが多い．宇宙ロケットを安全・確実に打ち上げるための周辺技術と管理技術について考える．

a. 発射場の地理的制約

宇宙ロケットを打ち上げるための発射場は，世界中を見渡してもそう多くは存在しない．地理的条件に制約があるためである．

第2章で示したように，宇宙ロケットは地球観測衛星を除き，(地理的条件などの) 特別の理由がない限り，常に東向きに打ち上げる．そのため，安全上，打上げ発射場の東側には自国の領土または公海が"相当遠くまで"広がっていなければならない．

多段式の宇宙ロケットはリフトオフ後，補助ロケット，第1段機体，衛星フェアリングなどを次々に本体から切り離して投棄していくので，これらが他国の領土・領海に落下する可能性のある場合，ロケットの打上げはできない．

さらに，ロケットの飛行が異常であると確認された瞬間，ロケットを地上からの指令により破壊する．このとき，機体破片が他国の領土・領海に落下してはいけない．

日本やアメリカは地理的条件の点で恵まれているが，ヨーロッパの多くの国は地理的制約のため，発射場をもつことができない．そのため，ヨーロッパ宇宙機関 (ESA) の開発したアリアン・ロケットは赤道直下の南米フランス領ギアナの発射場から打ち上げられる．ロシアは自国の領土内で打ち上げ，分離した主要機体部分を自国の領土内に投棄している．

b. 打上げ方位と追跡局

ロケットの打上げと飛行安全の責任機関は，ペイロードが地球周回軌道に乗るまでの間，ロケットを追跡し，その飛行状態を監視しなければならない．そのため，リフトオフ後のロケットをレーダで追尾するとともに，ロケットから送られてくるテレメータデータを受信するための地上追跡局 (ダウンレンジ局：Downrange Station) が複数必要になる．

JAXAのロケット追跡設備は，種子島，内之浦，小笠原のほかグアム島に設置されている．ハワイ南方のクリスマス島 (キリバス共和国) には移動追跡所を置いている．また，必要に応じて南米チリやオーストラリアの地上局の協力を得て

データを取得することもある．ただし，保安コマンド（飛行中断指令，後述）のためのレーダ電波は（種子島，内之浦または小笠原の）国内地上局から発信する．

種子島から H-2A ロケットによって静止衛星を打ち上げるときの飛行経路の概要は既に図 8.1 に示した．第 2 段ロケット（と衛星）は比較的早い時点で，小笠原から電波の届くところで低高度の地球周回軌道（LEO）に乗る．その後，赤道上空で第 2 段エンジンの再着火によって静止トランスファ軌道（GTO）に乗る．再着火と衛星分離の地点は，発射場から地表距離にして約 1 万 km 離れているので，当該イベントのデータはクリスマス島の移動追跡所で取得する．

以上はロケット追跡のための地上局であり，宇宙探査機や地球を周回する衛星を長期間にわたって追跡するための施設は別に設置され，運用されている．

c. 地球観測衛星の打上げ

地球観測衛星の軌道は，北極と南極の上空を周回する「極軌道」に近い「太陽同期軌道」であることに留意する必要がある（軌道の詳細は第 10 章参照）．

地球観測衛星を種子島からいきなり（ほぼ）真南方向に打ち上げると，フィリピンやインドネシアなど人口密度の高い外国領土の上空を飛行することになる．このため，はじめは南東方向に打ち上げ，しばらく後に急角度で南方向に曲がる飛行経路を選択する．この操作のため，相当量の推進薬を余分に消費することになり，ロケットの打上げ能力は低下するが，安全のため，やむをえない処置である．

H-2A ロケットにより高度約 700 km の太陽同期軌道に地球観測衛星を打ち上げるときの代表的な飛行経路を図 9.1 に示す．

d. 打上げの窓

宇宙ロケットは，発射場での整備作業が終了すれば，いつ打ち上げてもよい，ということにはならない．衛星や探査機を打ち上げる時間は，最終目標軌道と太陽と惑星と地球との関係，衛星側の条件などから種々の制約を受ける．一定の幅をもった打上げ可能時間帯を「打上げの窓（Launch Window）」と呼び，発射してよい時刻になったとき，この窓が開く．天候の悪化または整備作業のトラブルのため，この「窓」が開いている間にリフトオフできないとき，その日の打上げは延期される．打上げ日が変更されると，「窓」の時間帯も少し変わる．「打上げ

☆ 9.1 ロケット打上げの諸条件　　　　　　　　　　　　　　　　　　　　　　167

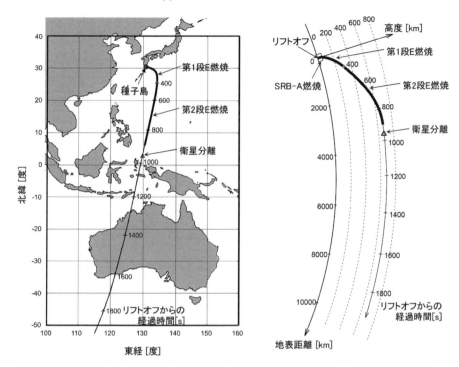

図9.1 H-2A ロケット（標準型）の飛行経路—地球観測衛星打上げ時—（参考 [53], [54]）

の窓」に関する事情をミッションごとに整理する．
① 静止衛星　　打上げの窓 = 20 分程度（衛星によっては，若干長い時間）
・静止トランスファ軌道（GTO）上の衛星（の太陽電池）の電力確保のため，太陽光方向の制約がある．
・重要なイベントの際，とくに，GTO 上の衛星を静止軌道（GEO）に投入するとき，国内の衛星追跡局から交信可能であることが条件になる．
② 地球観測衛星　　打上げの窓 = 10 ～ 15 分程度
・衛星通過の「地方時」が所定の時間（午前 10 時，午後 2 時など）からずれないこと．
・地球観測衛星の軌道傾斜角は摂動（第 10 章参照）の影響を大きく受ける．その変動幅（誤差）を考慮に入れる．
③ 宇宙探査機　　太陽系の中で地球，惑星，小惑星，彗星などは高速で相対運動しているため，理想的な「打上げの窓」は年・月・日・時刻まで規定される．軌

道制御・姿勢制御用の小型エンジンで修正可能な範囲内での余裕はあるが，打上げの窓の幅はきわめて狭い．

④ ランデブー・ミッション　軌道上の国際宇宙ステーション（ISS）は7km/s以上の「対地速度」で地球を周回しているため，飛行士や補給物資を打ち上げるときの打上げの窓の幅はきわめて狭い．

e. 気象条件

JAXA は，打上げ時の気象条件を NASA やアメリカ空軍などの先例を参考にして決めている．概要は以下に示すとおりであるが，これはしばしば改訂される．

(1) 風

風はリフトオフ前のロケット機体，発射整備作業，発射直後のロケットの運動に影響を及ぼす．打上げ前には，発射場付近の地上風と上空風の観測を繰り返し行う．

① 発射前の地上作業時　発射整備作業の最終点検はロケットが発射台上に起立した状態で行われる．このとき強い横風を受けると，機体は転倒するか，あるいは，機体底部に損傷を受ける可能性が大きくなる．このため，H-2A ロケット（標準型）について，地上風がおよそ 10 m/s を越えると要注意，15 m/s 前後になると整備作業を中止する．地上風の具体的な制約条件は各号機の機体の大きさや形状によって異なる．

② 発射時　発射台上を離れた直後のロケット機体は上昇速度が遅く，強い横風を受けると水平方向に流されてアンビリカルタワー（注，p.135 参照）に接触する危険性が生じる．そこで，風向に対応した危険風速をあらかじめ計算しておき，地上風の観測値がその限界を超えるときは打上げを延期する．その値は機体形状によって異なるが，H-2A ロケットで 15 m/s 前後である．

③ 発射後　上昇飛行中のロケット機体は発射場上空の風によって大きな影響を受ける．とくに，上空の横風が強いとき，垂直に近い姿勢で上昇するロケット機体は損傷を受ける可能性がある．このため，リフトオフ予定時刻の直前に観測された発射場上空の風データを用いて機体の強度特性，制御性，飛行安全などの計算を行う．その結果をもとに打上げの可否（Go, No-Go）を判定する．

(2) 落雷

発射場付近や予定の飛行経路周辺に雷雲があるとき，空中放電（落雷）により

ロケット機体内の電気系統が損傷を受ける可能性が高い．このため，予定飛行経路の半径 20 km 以内で発雷が検知された場合，あるいは雷雲や積乱雲が予定の飛行経路に近づいたときは打上げを中止する．1987 年 3 月，アメリカ（NASA および国防総省）のアトラス・セントール・ロケットは降雨中に打上げを強行したところ，上空で落雷により電気系統に異常を生じて制御不能に陥ったため，指令破壊された[43]．アメリカはこの事故を受けて雷に関する制約条件を見直した．

(3) 降雨

ロケット機体には完全防水対策が施されていない．発射前の作業中に強い降雨があるとき，機体内に入り込む雨水により電気系統に障害の起きる可能性がある．さらに，強い雨が降っているときに打ち上げると，上昇中の機体に雨滴が衝突することによってタンク表面の断熱材やフェアリング表面が損傷を受ける．このため，降雨の激しいとき，およそ 1 時間当り 10 mm 以上のときは，その日の打上げを中止する．

(4) 気温

気温が異常に高いとき，ロケット機体内に装着されている火工品の作動特性が影響を受ける．また，使用する部品によっては低温側の制約が必要になる．しかし，高温側，低温側の制約ともに，日本の気象条件ではまったく問題にならない．

f. 垂直発射と斜め発射

宇宙ロケットは推進薬という危険物を大量に搭載しているため，安全上の観点からいえば，斜め上方に発射して一刻も早く発射場から遠ざかることが望ましい．しかし，大型の液体ロケットは垂直に打ち上げる．なぜか？

第 1 に，垂直に発射されたロケットは，斜め発射のケースに比べて，空気密度の高い大気層をより短い時間で突き抜けることができる．このため，空気抵抗による「速度損失」が最小になり，これが飛行性能上のメリットになる．空力加熱の点においても，全体の加熱量が少ないので，衛星にとって有利になる．

第 2 に，ロケットを発射台で支える設備の構造設計，および，最終点検・液体推進薬充塡などの作業の点から，液体ロケットは（発射直前まで）垂直に起立していることが最適になる．

これに対して固体ロケットは，垂直発射，斜め発射のいずれも可能であるが，一般に，小型観測ロケットでは斜め発射が標準になっているようである．大型の

多段式固体ロケットは垂直発射を選択するケースが多い．その理由は，「液体推進薬の充填」を除き，上記第1および第2の理由に準じたものと考えてよい．

☆ 9.2 計 測 と 通 信

a. ロケット飛行の監視

宇宙ロケットをいったん地表から打ち上げると，人はその後のロケットの飛行を地上から直接コントロールすることができない．一方で，地上局（の人間）は，ロケットを追跡してその飛行が正常であるか否かを監視しなければならない．そのため，ロケットは下記に示す3種類の計測通信機器を搭載する（図9.2）．

① レーダートランスポンダ　地上局（複数）は，飛行するロケットに対してレーダー電波を発信する．ロケットに搭載されたレーダートランスポンダ（Radar Transponder：RT）は，地上局からの電波を受信した後，これを別の周波数に変え，増幅して地上局に送り返す．地上局はその電波（反射波）を受信して時々刻々，ロケットの現在位置と飛行方向を把握することにより，飛行が正常か否かを判断する．

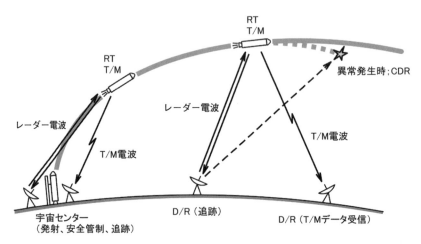

図 9.2　ロケット飛行の監視

② テレメータ送信装置　テレメータ送信装置（Telemeter Transmitter）は，ロケットの飛行状態および機体の各機器の作動状況（健康状態）を機体内部で計測し，そのデータを地上局に送信するための電子機器である．この送信装置の使用電波，信号処理法などは個々のロケットにより異なる．

テレメータで地上に送信する項目のうち主要なものは，機体の運動（加速度，姿勢角等），各コンポーネントの作動状況（タンク圧力，液体推進薬消費量，エンジン作動圧力，電源電圧等），イベント確認データなどである．計測項目の総数はミッションにより異なるが，とくに，開発の総仕上げ段階の試験飛行のときは非常に多くなり，大型ロケットの場合は1,000項目を超えることもある．

地上に送られたテレメータデータは，飛行中のロケットの健康状態を診断するために用いるが，同時に飛行安全管制のための参考データとしても使用する．飛行後は，取得した全データを解析して次号機以降の飛行計画に反映する．万一，打上げに失敗したときは，その時点までに獲得したテレメータデータは異常発生の原因究明のための情報源となる．

③ 指令破壊受信装置　地上局はレーダートランスポンダのデータおよびテレメータデータを受信して，ロケットが正常に飛行しているか否かを監視する．もし，「ロケットの飛行状態が異常である」と人間が判断したとき，地上局から「指令電波」を発信してロケットの飛行を中断し，安全を確保する．この指令電波を受信する機器が指令破壊受信装置（Command Destruct Receiver：CDR）である．

☆ 9.3　ロケットの打上げに伴う安全対策

a. 射点近傍の警戒

打上げ当日のリフトオフ前の一定時間，発射点を基点にした一定区域を警戒区域に指定して，人間（陸上）および船舶（海上）の立入りを禁止する．人間と船舶の安全を確保するため，JAXAは関係機関の協力を得て陸上，海上および上空から警戒を行う．H-2Aロケット（標準型）を打ち上げるときの陸上と海上の大まかな警戒区域の一例を図9.3に示す．

警戒区域は，推進薬を充填した（リフトオフ前の）ロケットがなんらかの原因によって爆発したと想定したとき，爆風圧が人間の受忍限度を越える領域であり，同時にまた，リフトオフ直後のロケットが異常発生のため指令破壊されたとき，

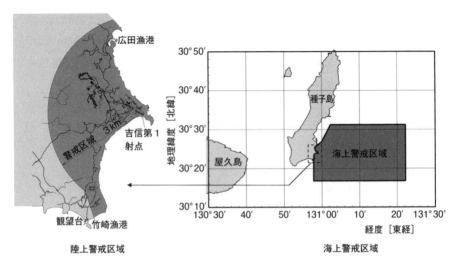

図 9.3 H-2A ロケット打上げ時（陸上および海上）の警戒区域代表例—種子島宇宙センター近傍—（参考 [52], [55]）

多くの破片が落下すると予想される区域である．

　陸上の警戒区域はリフトオフまで，関係者以外の人の立入りを禁止し，JAXA が責任をもって監視する．また，海上の警戒区域では，リフトオフまでの一定時間，船舶が立ち入らないよう海上保安庁の巡視船に加えてチャーター船によって監視する．リフトオフ直前，海上警戒区域に 1 隻でも船が入った場合，打上げを延期するか中止する．そうした事例は過去に何度か起きている．

b. 機体の落下予測海域と通報

　H-2A ロケット（標準型）が発射された後，比較的早い時間帯に，1 対の固体ロケットブースタ（SRB-A）が燃え尽きて分離し，公海上に投棄される．続いて，衛星フェアリングと第 1 段機体が海上に投棄される．静止衛星などを東方向に打ち上げるときの標準的な落下予測海域を図 9.4 に示す．

　リフトオフ予定時刻前後の船舶の安全を確保するため，JAXA は事前に「射点近傍の警戒区域」と（機体主要部分の）「落下予測海域」の情報を海上保安庁に提供し，「水路通報」の発信を依頼する．さらに漁船に対しては，漁業無線局からの通信により周知を図る．なお，落下予測海域は，射点近傍の警戒区域とは異なり，

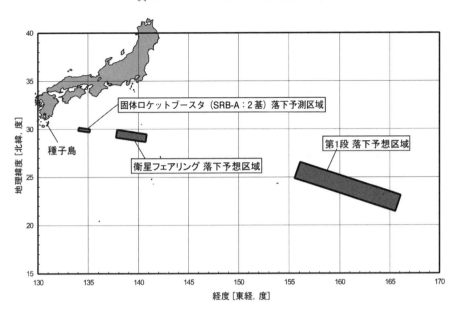

図9.4 H-2Aロケット分離・投棄物の落下予想区域代表例—（静止衛星等）東方向打上げ時—
（参考 [50], [52], [55]）

各船舶に対して注意喚起する海域で，立入りを排除するものではない．

航空機の安全についてJAXAは，国土交通省航空局に打上げ情報を提供して「ノータム（NOTAM：Notice to Airmen）」の発行を依頼する．水路通報，ノータムとも，発射日や発射時刻が変更されたときは，そのつど，打上げ情報を更新する手続きをとる．

c. 飛行安全管制

宇宙ロケットが発射点から飛び立って衛星軌道に乗るまでの間，飛行経路の下にあたる地域の安全を確保するため，地上局はロケットの飛行状況をレーダおよびテレメータデータにより監視する．万一，ロケットの異常飛行が観測されたときはただちに飛行中断の措置をとる．これが飛行安全管制（Range Safety Control）である．

(1) 異常時の対応―飛行中断―

ロケットが飛行している間，飛行安全管制を実施する地上局ではあらかじめ作成した基準飛行経路をディスプレイ上に示し，この上に，レーダで観測したロ

ケットの実飛行経路を重ね合わせて表示し，これを飛行安全担当技術者が監視する．同時に，ロケットから送られてくるテレメータデータをモニタして，ロケットの健康状態を参考にする．この2つのデータに基づいて，もし，実際の飛行状況が所定の判断基準に照らして「異常」と判断されたときはただちに飛行を中断する．飛行を中断すべき異常飛行とは以下の状態を指す．

① レーダーで観測されたロケットの実飛行経路が基準飛行経路から著しくずれて，陸地に落下する可能性が高い．
② 地上局からロケットの追跡ができなくなる（地上局の指令電波が届かない）可能性が高い．
③ ロケットのエンジン性能不良や誘導制御機能の異常のため，（衛星等を搭載した）上段ロケット機体が地球周回軌道に到達できないと認められる．

飛行の中断とは，地上からの指令によってエンジンの燃焼を停止し，さらに人為的にロケット機体を破壊することを意味する．これを「指令破壊」と呼ぶ．ただし，地上局がロケットを監視するのは，飛行中のロケットが地表に落下する可能性のある時間帯だけである．上段ロケットは，どのような軌道であれ，いったん地球周回の軌道に乗った後は飛行安全監視の対象にならない．

(2) 指令破壊の方法

ロケットに搭載された指令破壊受信装置（CDR）は，地上からロケット機体の破壊を命じる指令電波を受信すると，ただちに機体各部に装着された破壊装置（火工品）に指令信号を発信する．H-2Aロケットでは，液体ロケットのタンク外壁や固体ロケットのモータケース外壁に装着された火工品（V型成形爆破線：LSC）の作動により，これらの構造体を破壊する．結果，数多くの小破片が公海上に落下する．

飛行中断の処置の1つとして，エンジンを停止しただけで指令破壊しないケースも考えられる．この場合，ロケット機体は無動力で飛行を続け，1つの塊となって地表のどこかに落下する．問題は，その落下地点を地上局が正確に把握できないことである．また，ロケットが落下すると予想される場所の付近に島や陸地があるときは，大きな被害をもたらす可能性が生じる．これに対して指令破壊した場合，ロケットの異常が起きた地点付近の公海上に数多くの破片を落下させて危険分散を図ることになる．

日本の事情を記しておく．初期の実用（N-1, N-2, H-1）ロケットは合計24

機打ち上げ，指令破壊ゼロであった．大型国産化の時代に入って，H-2 ロケットは 7 機打ち上げて 2 機失敗し，うち 1 機は指令破壊された．H-2A ロケットは，2016 年 6 月末時点で 30 機打ち上げ，そのうち 1 機が指令破壊された．宇宙科学用の固体ロケット M-5 は合計 7 機打ち上げ，うち 1 機が指令破壊された．

(3) 飛行監視の体制

多くの人の努力と多大なコストをかけて完成した宇宙ロケットを，高価な衛星もろとも爆破するのはいかにももったいない．そもそも，ロケットを破壊するか否かの最終判断を誰がするのか．アメリカでは，すべてのロケットの飛行安全管制を空軍の専門部局が実施している．NASA のスペースシャトルやその他のロケットの飛行安全管制をこの組織が実施してきた．わが国では，JAXA が安全管制を行っているが，その担当者は JAXA の中とはいえ，ロケットや衛星の開発に関係しない部局に属しており，独立した権限をもつ．

ロケット飛行の異常が観測されたとき，指令破壊を命じるか否かの決断をする時間はほとんど瞬間的である．じっくり検討している余裕はない．そこで，JAXA 担当部局では，専用の飛行シミュレーションプログラムを用い，これに多くの故障モードを組み込んで「実戦」に近い状況を作り出して要員の訓練を行っている．

(4) ロシアの飛行安全管制について

異常飛行を確認したロケットを地上からの指令電波により破壊するのは，欧米や日本の飛行安全手法であるが，ロシアは旧ソ連時代からこの手法を採用していない．搭載コンピュータがロケットの作動状況や飛行経路の状況を把握していて，これが異常飛行を検知したとき，エンジン燃焼停止の指令を出す，というもので，この判断に人間は関与しない．機体は破壊されず，無動力飛行を続けて自国の領土内に落下する．

ロケットという機械が正常・異常の判断を自ら行い，しかも破壊しない，という手法はロシアで長年用いられてきたが，とくに問題は起きていないという．これはしかし，ロケットがロシアのように広大な自国領土の上空を飛行する場合にのみ有効な手法であるといってよいであろう．

☆ 9.4 宇宙ロケットを取り巻く状況と課題

a. 打上げに伴う国際的義務

　国連の制定した「宇宙条約」があり，日本を含めて 100 か国を超える国が加盟している．加盟国は宇宙活動を行う際，この条約を遵守する義務を負う．すべての宇宙活動に関する国際約束の原点ともいうべき宇宙条約および具体的なルールを決めた「宇宙三条約」については［22］を参考にしていただきたい（概略アウトラインは［32］を参照のこと）．以下，ロケットの打上げに直接関係のある国際約束について説明する．

　宇宙三条約の 1 つである宇宙損害責任条約（1972 年 9 月発効，日本は 1983 年 6 月加入）によれば，打ち上げた宇宙物体が第三者に（地表においてまたは飛行中の航空機に対して）損害を与えたとき，打上げ者が政府，非政府団体のいずれであっても，打上げ国はその損害に対して無過失責任を負う．

　ここまでは国際間の約束であり，国内問題はまた別である．たとえば，日本の一企業が商業衛星を打ち上げる際，その打上げ企業は損害賠償責任保険をかけることが必須となるが，民間の保険金には限度がある．第三者の受けた損害の総額が保険金の上限を超えたとき，とりあえず，日本国政府は全損害分を国民の税金で相手国側に賠償することになろう．その後，保険金を越えた損害額について，政府は打上げ企業に対してどのように求償するのか．打上げ企業は政府と国民に対してどのように責任を全うするのか．この国内の権利義務関係については国内法で定めておかなければならない．国内法の整備は，商業衛星の打上げ事業を推進する国の義務であるが，わが国では未だに整備されていない．現時点（2016 年 9 月）で，近いうちに「宇宙活動法案」（俗称）が国会で審議される予定であるという（後記：本法案は 2016 年 11 月 9 日，国会で可決成立した）．

b. 宇宙ロケットの民営化と商業利用

　世界の状況を以下に示す．
① 第 1 段階　莫大な国費（国民の税金）を投入して（主として）国威発揚のために開発した宇宙ロケットを，その後，国民の生活に結びついた宇宙活動のために有効活用する方向に進んだのは，振り返ってみると，当然過ぎるほど当然な方

向転換であった．アポロ計画終了後の1972年10月，アメリカ政府は自国のロケットを用いて外国政府および民間の衛星を「実費支弁方式」により打ち上げる方針，いわゆるニクソン声明を発表した．これは，ロケットの商業利用へのきっかけを与える政策となった．実費支弁とは，衛星の打上げを依頼する国や団体が必要経費のみを負担するというもので，わが国第1世代の通信衛星・放送衛星・静止気象衛星を初め，カナダ，インドネシアなど，多くの国の実用衛星はこの方式により打ち上げられた．これが民営化・商業化の第1段階といえよう．

② 第2段階　ニクソン声明を機に，国（政府）の開発したロケットの打上げ運用を民間に移管して商業衛星の打上げにも利用する動きが宇宙先進国の間で活発になる．この商業打上げビジネスで大きな成功を収めたのはアリアンスペース社で，これはフランス政府と（ヨーロッパ）12か国の企業の出資により1980年に設立された（一定の公的性格を有する）企業である．ヨーロッパ宇宙機関（ESA）の開発したアリアン・ロケット（とくにその4型および5型）を用いて商業衛星打上げサービスの事業を展開し，現在までに世界の約50%の商業衛星を成功裡に打ち上げてきた．アメリカ，ロシア，中国，日本もこのビジネス競争に参加したが，アリアンスペース社の優位は揺るがない．その成功の鍵は，打上げサービスに特化したビジネス戦略にあると考えてよい．

③ 第3段階　この間，宇宙ロケットの開発から打上げサービスまでの全事業を民間の資金で遂行するベンチャー企業がいくつか現れたが，これまでに成功した例は見られない．しかし，状況は変わってきており，最近，アメリカの（複数民間企業の1つである）スペースX社（2002年設立）は，独自に開発したファルコン9型ロケットで市場に参入したことにより，この世界もかなり流動的になってきた．"独自に開発した"ということは"独自の資金で開発した"という意味である．スペースX社は，NASAとの契約によりISSへの物資輸送の実績を積み重ねるとともに，ロケットの主要機体部分の再使用化を目指した試験を繰り返している．スペースX社の事業は，（現在の民間輸送機産業のような）完全商業化の一歩手前の状態と考えられる．

c. わが国の民営化と課題

わが国では1990年，"日本版アリアンスペース"を目指して，多数の関連企業の出資により（公共性をもった）企業連合「ロケットシステム社」が設立され，

旧NASDAの開発したH-2およびH-2Aロケットによる商業衛星打上げビジネスに乗り出した．このとき，宇宙開発事業団法の制約から，最後の打上げ業務は（この民間企業からの委託を受けて）NASDAが実施することになっていた．しかし，時期尚早というべきか，H-2ロケットの打上げ失敗が続いたため将来展望を描くことが難しい状況となった．これを機に，政府の宇宙産業政策の変更によってロケットシステム社は解散するとともに，H-2Aロケット（2007年より）およびH-2Bロケット（2013年より）の「製造と打上げ運用（の一部）」が一民間企業（三菱重工業，MHI）に移管された．これはJAXAから一企業への「技術移転」によるもので，基幹ロケットの打上げ運用（の一部）だけでなく機体製造をも一社が独占する体制となった．欧米と異なり，きわめて特異な体制といえる．

こうした民間移管の背景には，日本のロケットの打上げコストが外国に比べて高い，という批判があった．そこで，（政府の）宇宙開発委員会（当時）で，打上げ業務をJAXAから民間企業に移管すれば，効率的な企業経営と商業衛星の獲得によって大幅なコストダウンが可能である，と判断された結果，現在の民営化が実現した経緯がある．大幅コストダウンが実現すれば，宇宙計画遂行に必要な政府の財政負担は大幅に削減されるはずであった．

現状はどうか？ H-2Aロケット打上げの民間移管から10年近く経過した現時点で，本格的な商業衛星を1基打ち上げた実績があるが，その号機の機体改良費はJAXAが負担した．また，打上げ経費が以前（JAXA担当時代）に比べて大幅に削減されたという噂は聞こえてこない．残念ながら，日本の民営化の現状は当初の謳い文句からは程遠いといわざるをえない．

わが国の民営化の課題について考える．第1の問題は，商業活動とJAXAの関係である．まず，H-2ロケットの胴体に付けられたロゴマークの問題がある（注9.1，p.183参照）．しかも現状は，一企業のロゴマークのついたロケットを維持・改良・性能向上するため，JAXAが費用負担している，という事実がある．一企業が営利活動に使うためのロケットの維持・改修費を，国民に負担させていることになる．これではフェアな商活動とはいえないであろう．また，JAXAが特定企業の営利活動に加担することは法的に許されるのであろうか？

第2の課題は法律上の問題である．「国立研究開発法人宇宙航空研究開発機構法」（JAXA法）によれば，（ロケットを含む）人工衛星等の開発・打上げ・追跡・運用等はJAXAが行う業務であると定められている．現在，商業衛星のみな

らず，国の衛星（情報収集衛星など）の打上げも一企業（MHI）が行っているが，その法的根拠はどこにあるのだろうか？　現行の法律では宇宙ロケットを打ち上げることができるのは，JAXA だけである，と読めるのだが，国には国際条約を遵守する責任があるため，宇宙ロケットの打上げは国（政府）がコントロールすべき活動である．ところが，日本には現在（2016 年 9 月），民間打上げに関する法律がない．また，民間打上げに際して JAXA は「安全監理」の責任をもつというが，それが JAXA の業務であるという条項は JAXA 法には見当たらない．

　民間企業（MHI）による H-2A ロケットの打上げは 2007 年（第 13 号「かぐや」）に始まり 2016 年（30 号「ひとみ」）の打上げまで，10 年近くの間，法的根拠がないまま超法規的に行われてきたのであろうか？　内閣府の「宇宙戦略本部」は，このような状況下でいかなる戦略を実施してきたのであろうか？　当事者および法律専門家のご意見を伺いたいものである．

　近いうちに国会で審議される予定の「宇宙活動法案」（俗称）は，民間の宇宙活動参入を促進するための法案であるとのことで，現行法制度の不備を正す内容であることを期待している．しかし，まずは過去 10 年近い上記の責任を明確にしなければいけない．一方，近未来のベンチャー企業による宇宙活動を活発にするためにも，この法案について，過去の反省に基づいて十分な議論を望むものである．

d.　次期ロケットの考え方

　現在，ロケットの技術は成熟し，開発リスクは以前に比べて格段に低くなっている．将来の商用ロケットは，いたずらに高性能を目指すのでなく，現在の技術の改良とシステム構成の工夫により作り上げることができる．普通の宇宙ロケットであれば，今日の優秀な大学生あるいは大学院生が設計することだって可能である（注 9.2，p.183 参照）．

　ここで，日本の次期基幹ロケットとして 2014 年からスタートした H-3 ロケットの開発について考える［61］．これは現在の H-2B ロケットより一回り大型で，ペイロードの打上げ能力も大きい．宇宙基本計画に基づくもので，2020 年度に初号機を打ち上げる予定であるという．詳細な仕様は公表されていないが，［61］の大まかな計画案によれば，開発の主目的は宇宙輸送コストを低減して国際競争力を有する持続可能な宇宙輸送システムを実現することにある，という．中でも最大の目玉は打上げ経費の半減化（50％減）にある．

H-3ロケットの開発経費は，従来どおり，100％国民の税金を充当する方針であるという．一方で，民間の力を活用するという政府方針により，開発における主体の比重をJAXAから一民間企業（MHI）に移す方向で進んでいる．それは，JAXAの関与を弱める方向である．その根本思想は「民間にできることは民間に」である，という．文字どおりに読めば，これは正しい思想である．NASAがスペースX社の開発したロケットを（打上げ経費を払って）利用することが正しい，という意味において．

　「民間にできること」とは，「民間がリスクを負うこと」，「民間が独自の開発資金を負担すること」を意味する．100％国費（税金）で行う事業，つまり，民間がリスクを一切負わない事業を民営事業とはいわない．その意味で，今のH-3ロケット開発の思想は「民間にできることは民間に」の正反対になる．

　コスト低減の問題について，H-3開発の大目標が「打上げ経費半減化」である以上，それが実現できなかったときの責任を誰がどのようにとるのか，現段階で明確にしておくべきであろう．なぜなら，H-2Aロケット民営化によるコストの大幅削減の約束が約10年後の現在，どこかに消えてしまい，その責任が曖昧になっているのだから．ここは，若い学生諸君も含めて，一般の国民が納税者の眼で，辛抱強く監視していく必要があろう．

　H-3ロケット打上げコストの半減化が現在の一社独占体制で実現できるか否か，筆者にはわからないが，コスト低減のための王道だけは提示できる．JAXAが長年にわたって国民の税金を費やして蓄積してきた宇宙技術は，本来，国民のものであるから，それを（一社のみにではなく，機会均等に）多くの民間企業に移転すべきである．その後は自由競争に委ねることである．王道は，公正で自由な競争のできる環境を作ることである．それがまた，格調高い（H-3ロケットの）開発目的である「産業基盤と技術基盤の育成」を可能にする道でもある．そうなればこそ，近未来，日本の（複数の）ベンチャー企業が宇宙ビジネスに進出する可能性は大きくなるであろう．

第9章で参考にした主な文献；[1]，[22]，[42]，[43]，[61]，[62]，[63]．

5. あやまちは人の常—ロケットの開発と不具合

　以下の一文は，H-1 ロケット計画が終了した 1992 年 2 月の時点で，筆者が当時の宇宙開発事業団（NASDA）の広報誌に掲載した一文[47]から抜粋したものである．当時，H-2 ロケットの開発が難航し，開発上のトラブルが続いていたときにあたるが，その頃の一開発当事者のメモである．H-1 ロケット計画の終了とは，N-1，N-2，H-1 の 3 代にわたる技術導入型実用ロケットの開発・運用の幕引きである．わが国宇宙開発史における 1 つの時代の終りであった．

[あやまちは人の常]

　ロケットは多くの分野の技術から構成される高性能かつ複雑なシステムである．その開発は，広い意味で初期設計から打上げ完了までを含み，設計（目標）→実証（試験・確認）のサイクルを繰り返すことによって「虫だし」をし，信頼性の高い，すなわち故障の少ないシステムを作りだすことである．「虫だし」とは専門用語を使うと「不具合」の摘出であるが，とくに未経験の分野の技術開発では，「技術的困難さ」と「人間の犯すミス（Human Error）」から多くの不具合が発生する．ちなみに「不具合」とは Non-Conformance の訳語で，「1 つ以上の特性が要求と合致しない物品，材料または役務の状態．故障，欠陥，不足および機能不良を含む」と定義されるが，NASA 文書の直訳であるためわかりにくい．

　「技術は経験なり」の鉄則どおり，技術開発は，理論によってではなく，失敗の経験の積重ねによって進む．ロケットの開発は，日々不具合とのつきあいといってよく，また不具合を克服することによってのみ成就する．「技術導入型ロケット」といえどもこの過程を避けて通ることはできない．

◆何年か前のこと，H-1 ロケットの第 1 段機体を担当メーカの工場から種子島射場へ送り出す作業をしていたとき，作業員のミスによって液体酸素タンクの薄い外壁に直径数ミリの穴があいたことがある．このときの修復作業は困難を極めた．作業者がタンクの中に入って（この穴を）修理することが原因となって（万一）有機物等がタンクに残ったときには，後に液体酸素と反応して発火する危険性がある．また，何よりも打上げ日までの時間的余裕がなかった．

　結果は，担当メーカの技術者の不眠不休の努力によって"つぎあて"の修理を完了し，無事スケジュールに間に合った．諸外国の記録を探しても，大型液体ロケットのタンク，とくに液体酸素タンクに"つぎ"をあてて打上げに成功した例は他にない．

◆種子島で打上げ準備作業をしていたある日の夕方，現場の作業者が誤って乾燥剤の

シリカゲルを相当量，空（から）の第1段液体酸素タンクの中（底）に落としてしまった．その頃，シリカゲルが液体酸素と反応して爆発するか否かについてのデータを我々はもっていなかった．打上げ日が迫っており，我々技術者一同大いにあせった．

　窮余の一策，技術援助を受けていたアメリカの企業に問い合わせた．翌朝，テレックスが入り，彼らの経験によれば，シリカゲルは液体酸素と反応しない，という．さらに続けて「もし同じ事態が当方のデルタ・ロケットで起きたとしたら，我々はそのまま打ち上げるであろう」と，英文法でいうところの仮定法過去で書き添えてあったのには恐れ入った．

◆外からの助けをいっさい受けずにロケットを正しく目標まで飛行させる機器を慣性誘導装置と呼び，人間の頭脳部に相当する．わが国ではH-1ロケットで初めて国産開発した．当時，この分野における日本の技術は未熟で，実績がなく，しかも世界的レベルの性能を目指したため，この誘導システム（NICEと呼ぶ）の開発は大変であった．わが事業団の中にあって，開発の中心となっていたある技術者は，かくのごとく困難な開発に取り組んでいたため，日々ストレスが蓄積されたらしい．ある日の夜遅く，帰宅の途中，彼自身の頭脳の"誘導装置"に「不具合」が起きたのであろう．気がつけば，遠方の，自宅と反対方向の，とある駅の"レール"を枕に寝ていた．幸いにして本人は一命をとりとめ，また，H-1ロケット9機の打上げによってNICEの優秀さが証明されたわけであるが，一方，「人間の誘導」も時としてロケットの誘導に劣らず難しい，という教訓を得た事件でもあった．本人が駅のホームから墜落した原因については，ストレス説が有力であるが，中にはC_2H_5OH（アルコール）説をとる「少数意見」もあって，今となっては，真相は定かではない．

◆1989年8月8日早朝，リフトオフ寸前，第1段エンジンの噴煙が見えた直後，緊急停止装置が働き，H-1ロケットはそのまま発射台に残って飛び立たなかった．原因は，バーニアエンジンの工場組立作業中に起きたわずかなミスによるものであった．（後記；当時のマスコミは「打上げ失敗！」と報じたが，これは1つの機器の不具合による緊急停止であって打上げ失敗ではない）．

◆ロケットの飛行経路の計算に熱中していた（NASDAの）ある技術者が，ある日の夕方，大きなプログラムをコンピュータに入れた．ところが，1枚のカード（STOPの指示）を入れ忘れたため，その頃の最新鋭コンピュータが一晩中同じ計算を際限なく繰り返していた．信じ難い話であるが事実である．

◆ある（衛星の）コネクタが180°位相を間違えて取り付けられており，これが，打上げ直前に発見されたこともある．工場における製作・組立てから射場作業に至る過程で，何度も検査が繰り返されてきたにもかかわらず，である．

　過ちは人の常，許すは神の心．神ならぬ人間のなす業，技術が進歩し，どんなに高

度になっても，「神の心」は必要なのである．

　ともあれ，多くの技術者が，様々なフェーズでそれぞれの技術分野で努力を続け，多くの美談・失敗談を残してH-1に至る実用ロケットの開発を完了した．いままた，H-2ロケット開発のため，若き技術者が新しい技術の開発に挑戦している．その過程で現に直面しつつある技術的困難さは，まったく未経験の高度技術を自らの手で作り出すため，我々が先頭の走者（Front Runner）として払うべき当然の代価なのであろう．

【注】

注9.1　ロケットの"ロゴマーク"について：既に3，4年ほど前のことになるが，H-2Aロケットの打上げの様子をテレビで見ていた一友人から電話連絡を受けた．日本の宇宙開発に一定の理解をもつ外国人ジャーナリストである．「H-2AロケットはNASDAが開発したものではないのか？　ホワイ（Why?）日本の基幹ロケットに某メーカ1社のロゴマークがついているのか，ひょっとして，"払い下げ"でもしたのか？」と聞いてきた．はっきりしていることは，H-2AおよびH-2Bロケット（の技術）は，JAXA（旧NASDAを含む）が「国民の負託」を受けて開発したものであり，そのシステムそのものはJAXAに帰属する．JAXAが責任をもって，100%国民の税金により，多くの企業との直接契約を通して，開発したものである．NASAのように，全責任をプライム（Prime）の一企業に任せた契約ではない．また，民間への払下げはしていない．JAXAは「技術移転」により，製造と運用（の一部）の責任を一企業に移管しただけであり，技術・システムの所属は変わらない．さらに，奇妙なことに，ロケットの維持・改良・性能向上のための費用をJAXAが負担しているという．代表例はカナダの商業衛星打上げ号機（2015年）第2段機体の改良のための費用負担である．ロゴマークに関する上記質問に対しては，筆者もホワイである．ちなみに，アリアン5型ロケット（第1章，図1.7）は，関係国・機関・企業の国旗やシンボル・マークをそのロゴマークとしている．これが国際標準である．

注9.2　学生の実力：学生をバカにしてはいけない．その昔，恐らく30年ほど前のことであったと記憶する．アメリカの一大学生が，当時，まだインターネットが普及していないとき，図書館などで公開されていた技術文書を勉強して本物の原子爆弾を設計したということが判明し，全米の関係者がショックを受けたことがある．

10 自然の法則と宇宙ロケット
―宇宙工学入門への試み―

☆ 10.1 古典力学の世界

　人工衛星や宇宙探査機は，宇宙ロケットから切り離されて宇宙空間に送り出された後，独立した飛行物体として自然の法則に従って運動する．その飛行体は，搭載された小型エンジンを作動させて軌道変更や姿勢制御を行う短い時間を除いて，無動力飛行，すなわち自由落下運動を続けて宇宙活動を遂行する．したがって，自然の法則を体系化した古典力学，すなわち，ニュートン力学の基礎を学ぶことは，宇宙輸送手段としての宇宙ロケットを理解するための前提となる．

　古典力学は，（ガリレイから数えて）400年以上にわたって多くの科学者が理論研究および実験研究を続けてきた結果，身近な自然現象を正確に記述することが実証されている．もちろん，弱点もある．たとえば，水星の（ごくわずかな）近日点移動という問題は一般相対性理論によって初めて解明された．また，重力（万有引力）はどれほど離れた距離であっても一瞬で伝わる，つまり無限大の"速さ"で作用することになっているが，これは現代物理学の考え方と矛盾する．

　しかしながら，宇宙船が光速に近い速度で運動するなどの特殊な場合を除き，古典力学は実用上十分な精度で宇宙空間における飛行物体の運動を表現する．以下，ロケット，人工衛星，宇宙探査機などの運動を中心に古典力学の基礎を整理する．

a. 慣 性 系

　宇宙工学においては，3次元の宇宙空間を飛行する物体の運動を記述するため，基準座標系として慣性座標系（慣性系）を用いる．慣性系とは，ニュートンの運

☆ 10.1 古典力学の世界

動の第2法則（運動方程式）が成り立つ系，すなわち，物体に「外力」を加えたとき，それに比例した加速度を生じる座標系である．ここでいう外力とは，重力や，エンジン推力，空気力，垂直抗力のように，「実体的な起源を有する力」[44＝第2章]を意味する．遠心力のような慣性力（見かけの力）は外力には含まれない．

「純粋な慣性系」とは非加速・非回転で，かつ，重力場の存在しない座標系であるので，現実の宇宙には存在しないと考えられる．我々は，目的に応じて，十分精度の高い近似的な慣性座標系を選択せざるをえない．宇宙ロケットや衛星等の運動を記述するためには，地球中心（重心）を原点とし，かつ回転しない「地球中心慣性座標系」を用いる．また，惑星や宇宙探査機の運動を記述するには，太陽中心（重心）を原点とし，かつ回転しない「太陽中心慣性座標系」を用いる．基準座標系を決めることは観測者の視点を決めることで，これは宇宙工学の出発点になる．

たとえば，地球は東回りに自転しているので，地球中心慣性座標系で観察するとき，地上の我々自身も東方向の慣性速度をもっている．その速さは，赤道上で約 460 m/秒，北緯 $30°$ の地点（種子島付近）で約 400 m/秒に達する．よく国際宇宙ステーション（ISS）は約 8 km/秒（実際は 7.7 km/秒）の速さで地球を回っているといわれるが，それは慣性速度のことであり，地上の観測者に対する対地速度は，緯度によって異なるが，地球自転の寄与分だけ遅くなることに留意する．

b. 2 体 問 題

地球周辺の宇宙空間を飛行する「地球と衛星等の相対運動」は，「太陽と惑星の相対運動」と同一の原理，すなわち，ニュートンの確立した「運動の第2法則」と「万有引力の法則」から求めることができる．その際，地球―衛星，太陽―惑星のような2つの物体の相対運動を2体問題として捉え，自然界の条件を基本にして次のような近似モデルを考える．
① 真空の宇宙空間において，2つの物体は（質量分布が球対称の）「均質な球体」である（質点として扱うことができる）．
② 2物体に働く力は相互の万有引力（重力）のみとする．すなわち，2つの物体相互の重力を除く外力（エンジン推力や他の天体・物体の重力など）は作用しない．

上記①と②の仮定の下では，2つの物体は「2体システムの重心」を中心にして運動する．①と②に加えて，さらに次の③の条件が追加された場合を考える．
③ 2つの物体のうち一方の物体（大物体）の質量がもう一方の物体（小物体）の質量に比べて桁違いに大きい．

上記①，②，③の条件が満たされるとき，2体問題は"限定された2体問題"となる．たとえば，地球の質量は人工衛星の質量に比べて途方もなく大きい．太陽の質量は惑星の質量に比べて途方もなく大きい．結局，小物体が大物体の重心を中心にして，"大物体の重力のみの作用"によって運動する問題に帰着する．このとき，「2体システムの重心」は大物体の重心と一致する．人工衛星は地球の回りを運動し，惑星は太陽の回りを運動する．

身近な例で「太陽―地球」の2体システムを考えると，その質量中心は太陽の中心（重心）から約450m離れているに過ぎない．これは太陽半径の1万分の6程度の距離であり，きわめて高い精度で太陽中心と一致すると考えてよい．

なお，均質な2つの球体の間の万有引力は，各球体の全質量がそれぞれの中心に集まった「質点」の引力に等しい．上記の「限定された2体問題」のモデルに基づき，ニュートンの2つの法則を解析することにより，地球を焦点とする衛星や探査機などの運動，および太陽を焦点とする惑星の運動を求めることができる．

(1) ニュートンの運動の第2法則（運動方程式）
慣性座標系において，以下の運動方程式が成立する．

$$f = m\frac{dV}{dt} \tag{10.1}$$

ここに，f：物体に働く外力，m：物体の質量，V：物体の速度．

(2) 万有引力の法則
質量 m と M の2つの物体の間には以下の式で表される引力が働く．

$$f_g = G\frac{Mm}{r^2} \tag{10.2}$$

ここに，f_g：2物体間相互の万有引力（重力），G：万有引力定数，r：相互の距離．

式 (10.1)，(10.2) における外力，すなわち「実体的な起源を有する力」は，力の特性の違いにより，「重力」と「接触力」の2種類の力に分類される（注10.1，p.211 参照）．重力は万有引力であり，エンジン推力，空気力，垂直抗力などの力は接触力である．慣性力は非慣性座標系にのみ現れる見かけの力であって実体的

☆ 10.1 古典力学の世界

な起源をもたないので,外力には含まれない.

「接触力」は,野球のバットでボールを打つときのように,直接接触している物体の間でのみ力を及ぼす（伝達する）ことができる.

これに対して重力は,接触,非接触に関係なく,（質量をもつ）すべての物体の間で,質量に比例した力を及ぼし合う. それも,あらゆる障害物を透過して,瞬間的に作用する.「遠隔作用」による力と考えられる. たとえば,地球の重力は,地上の物体,飛行中のロケット,衛星等を構成するすべての最小単位物体（＝素粒子）を地球中心に向かって引っ張っている力であると考えるとわかりやすい.

上記の式 (10.1), (10.2) を用いて2体問題を解析することにより,地球（大物体）を焦点とする衛星等（小物体）の軌道は円錐曲線であることが判明する. 円錐曲線とは楕円（円は楕円の特殊なケース）,放物線,双曲線の3種類の2次曲線（平面曲線）である. ニュートン以前にケプラーが観測データから経験則として導き出したケプラーの法則（注10.2, p.211参照）は,2体問題の解析結果と一致する.

結局,人工衛星も宇宙探査機も（エンジンなどの動力を用いない限り）3次元宇宙空間を勝手気ままに飛行することは許されず,地球を焦点とする円錐曲線（2次曲線）の軌道上を運行するように運命づけられている. 惑星も同様に,太陽を焦点とする楕円軌道上を運行するよう運命づけられている.

c. 非慣性系と慣性力

非慣性系とは,慣性系に対して加速度をもつ座標系のことを意味する. 加速度 α で運動している座標系で観測すると,加速の向きとは逆向きに $-m\alpha$ という「見かけの力」(Pseudo force または Apparent force)（注10.3, p.212参照）が現れる. これが慣性力である. ニュートン力学では,慣性力は「実体的な起源を有する力」とみなされないので,「見かけの力」と呼ぶ. 重要なことは,慣性系・非慣性系の違いは物体の加速度ではなく,採用する座標系が加速度をもつか否かによる,ということである [44 = 第2章].

たとえば,回転座標系は慣性系に対して加速度をもつので非慣性系であり,それゆえ,遠心力とコリオリの力という見かけの力が現れるのである. ファインマンは,古典力学の講義で「見かけの力の非常に重要な特性 (Feature) は,それが質量に比例するということで,重力と同じである」と述べている [46 = Chap. 12] が,これは大変重要で興味深い指摘である. なぜなら,アインシュタインの

一般相対性理論は「重力と慣性力は等価である」(等価原理) として，重力と見かけの力を区別していない [39]．

なお，古典力学の基礎を正しく理解することは，宇宙工学全般の基礎となるものである．学生諸君は [44]，[45] などで復習・整理していただきたい．

☆ 10.2 地球中心の円錐曲線軌道

上記の式 (10.1)，(10.2) から求めた「限定された2体問題」の解は円錐曲線となる．これは極座標を用いて以下の方程式で表すことができる．

$$r = \frac{p}{1 + \varepsilon \cos \nu} \tag{10.3}$$

ここに，r：焦点と衛星等を結ぶ直線距離（動径），ε：離心率（$\varepsilon > 1$ のとき双曲線，$\varepsilon = 1$ のとき放物線，$0 < \varepsilon < 1$ のとき楕円，$\varepsilon = 0$ のとき円），ν：真近点離角，p：半直弦である．

地球を焦点とする円錐曲線（円・楕円，放物線，双曲線）の概念と一般の円錐曲線の用語を図 10.1 に示した．

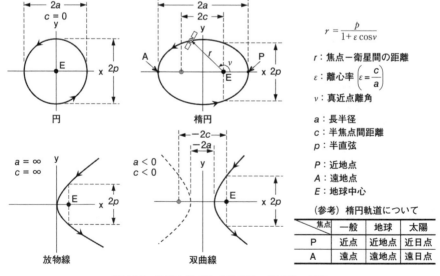

図 10.1　地球を焦点とする衛星・探査機の軌道

10.2 地球中心の円錐曲線軌道

a. 軌道エネルギー

円錐曲線上を飛行する衛星等の軌道エネルギー（E）は，以下の式で表すことができる．すなわち，運動エネルギー（KE）とポテンシャル・エネルギー（PE）の和が軌道エネルギー（E）であり，これは1つの軌道上で保存される（一定に保たれる）．定義上，ポテンシャル・エネルギー（PE）は地球の中心（$r \to 0$）で$-\infty$となる．

$$E = \frac{V^2}{2} - \frac{\mu}{r} \tag{10.4}$$

E：軌道エネルギー（単位質量当り）

$\dfrac{V^2}{2}$：運動エネルギー（KE：単位質量当り）

$-\dfrac{\mu}{r}$：ポテンシャル・エネルギー（PE：単位質量当り）

ここに，V：軌道速度（慣性速度），μ：重力パラメータ（地球について $\mu_E = 3.986 \times 10^{14}$ [m^3/s^2]），r：地球中心からの距離である．

図10.2は，3種類の軌道の特性を理解するため，軌道エネルギーを地球中心からの距離の関数として示したものである．軌道はその軌道エネルギーの大きさによって以下のように分類される．

円・楕円　$E < 0$

放物線　$E = 0$

双曲線　$E > 0$

円・楕円軌道上の衛星は地球重力の影響下で地球の回りを永久に回り続ける（ただし，真空中に限る）．双曲線軌道上の探査機は地球重力の影響から脱出して，いったん地球の（太陽に対する）「影響圏」（地球重力の及ぶ範囲，後述）を超えた後は，さらに太陽の重力の影響下で飛行を続ける．このため，双曲線軌道は太陽系惑星空間の探査のために用いられる．一方，放物線軌道は双極線軌道よりもエネルギー効率が大幅に悪くなるので，通常，宇宙探査機の軌道としては利用しない．

b. 軌道要素について

実際の人工衛星および宇宙探査機の軌道を考察する前に，「軌道要素」を理解し

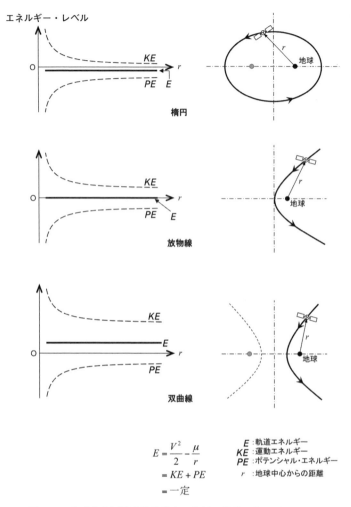

図 10.2 地球中心円錐曲線軌道上の衛星の軌道エネルギー

ておくことが望ましい．ある特定の時刻（元期）における衛星等の軌道の大きさ，形状，軌道面の方向を，3次元の宇宙空間において一意的に決めるためには，合計6個の要素が必要になり，これを軌道6要素と呼ぶ．以下ここでは，楕円軌道について説明する．地球中心（赤道面基準）慣性座標系に基づく軌道要素の定義は図10.3に示すとおりである．この6要素を次のように2つのグループに分けて考えると理解しやすい．

☆ 10.2 地球中心の円錐曲線軌道

<軌道面の3次元空間における方向を決める要素>
i [deg]　軌道傾斜角　＝軌道面と地球赤道面のなす角度
Ω [deg]　昇交点赤経　＝軌道面が地球赤道面を南から北へ横切る点（昇交点）を
　　　　　　　　　　　　　赤道面上で春分点から測った角度
ω [deg]　近地点引数　＝昇交点から近地点までの軌道面上の角度

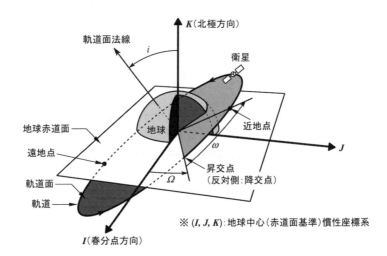

<軌道の形と大きさ、および（特定時刻における）衛星の位置を決める要素>
a [km]　軌道長半径　＝軌道の大きさを示す値
$\varepsilon = \dfrac{c}{a}$　離心率　＝軌道の形を決める値（cは軌道の半焦点間距離）
v_0 [deg]　（元期における）真近点離角＝特定の時刻において衛星が（軌道面上で）近地点となす角度
　　　　　　あるいは、T＝近地点通過時刻（衛星が近地点を通過する時刻 [s]）としてもよい．

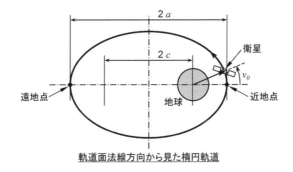

軌道面法線方向から見た楕円軌道

図 10.3　人工衛星の軌道6要素（参考 [14 = Fig. 2.3-1]）

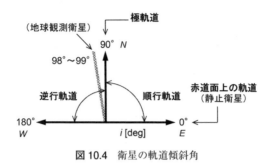

図10.4 衛星の軌道傾斜角

① 軌道の形と大きさ，および（特定時刻における）衛星の位置を決める要素
② 軌道面の3次元空間における方向を決める要素

ここで，「昇交点赤経」の出発点となる「春分点」は，3次元空間の基準となる方向で，現在は「うお座」方向であるが，ごくわずかずつ黄道上を西に移動している．なお，軌道傾斜角 i については以下の補足説明を参考にしていただきたい．

c. 軌道傾斜角 i の補足説明

図10.4に示すように，衛星等の軌道面が地球の赤道面に対して成す角度で，（昇交点側から見て）赤道面の東方向を基準にして反時計回りに $0°\sim 180°$ の範囲である．赤道上空の静止衛星は $i = 0°$，極軌道衛星は $i = 90°$ である．軌道傾斜角が $90°$ より小さいときの軌道は，衛星等が地球を西から東に向かって周回する順行軌道を表し，$90°$ より大きくなるときは反対向きの逆行軌道を表す．

☆ 10.3 人工衛星の軌道

地球を周回する人工衛星の軌道は，円または楕円軌道である．円軌道は地球周回軌道の基本であり，宇宙開発において最も多く利用される軌道である．図10.5は円軌道の軌道速度（慣性速度），周期および軌道エネルギーを示したものである．この図が示すように，衛星が地球の表面から遠ざかるに従って軌道速度は減少するが，軌道エネルギーは増加する．したがって，地表から衛星を打ち上げるために必要となるエネルギーは高度とともに増加する．

(1) 低高度地球周回軌道

地球を周回する衛星軌道のうち，高度およそ $200\sim 500$ km の楕円（円）軌道

☆ 10.3 人工衛星の軌道

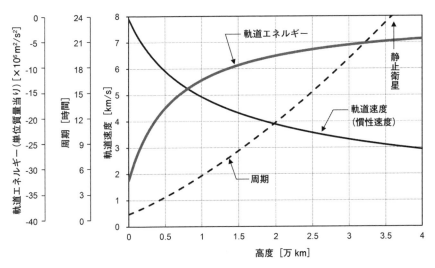

図 10.5 地球周回円軌道の特性

を低高度地球周回軌道（Low Earth Orbit：LEO）と呼ぶが，高度に関する厳密な定義はなく，高度1,000 km程度までの軌道を指すこともある（図10.6）．LEOは円軌道であることが多く，天文観測，科学実験，無重量実験をはじめ，多くの目的のために利用される．スペースシャトルは，高度約300 kmの円軌道に約1週間滞在して有人宇宙活動を行ってきた．現在，国際宇宙ステーション（ISS）は高度約400 kmの円軌道上を周回している．

地球周辺の低高度の宇宙空間には，希薄とはいえ大気成分の分子や原子が相当程度存在するため，衛星には大きな空気力が働き，軌道高度は時間の経過とともに低下する．軌道修正を行わないとき，衛星は最後に大気圏に再突入する．図10.7は，軌道高度による円軌道衛星の平均的な寿命を示したものであるが，高度約200 kmの衛星の寿命は1週間（弱）程度であり，それより低い高度では，寿命は急速に短くなる．高度100 kmの飛行物体は，地球を1周回もしないまま消滅するため，人工衛星は実現しない．つまり，この高度で宇宙活動はできない．

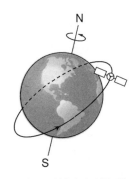

図10.6 低高度地球周回軌道（LEO）

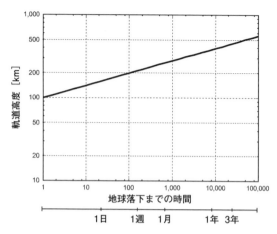

図 10.7 地球周回円軌道衛星の滞空時間(引用 [14 = Fig. 3.1-1])

　実用上の見地から判断して，高度約 200 km が宇宙空間の入口であると考えてよい．この高度の軌道は，より高い高度の（高エネルギー）軌道へ移行するためのパーキング軌道（待機軌道）として頻繁に利用されている．軌道速度（慣性速度）は約 7.8 km/s であり，大型旅客機の巡航速度の約 30 倍に相当する．

(2) GPS 衛星の軌道

　現在，航空機・船舶・自動車などの航法に広く利用されている GPS（Global Positioning System, 全地球測位システム）は，24 基のアメリカの軍事衛星群で構成されている．この衛星群は高度約 20,000 km の円軌道上を周回している．

(3) 静止軌道

　静止衛星は高度 35,786 km の赤道上空を周回する円軌道衛星で，軌道傾斜角はゼロである．地球の自転と同じ角速度で周回するため地表から静止して見えるが，地球中心慣性座標系で観測すると，3.08 km/s の慣性速度で赤道上空を周回している．実用上最も重要な軌道で，通信・放送・気象観測等のための衛星の大半は静止衛星である（図 10.8）．

　静止軌道（Geosynchronous Earth Orbit：GEO）は特殊な軌道であり，人類にとって貴重な資源である．このため，各国の利用できる（東経または西経の）位置の割当ては国際会議で決められている．

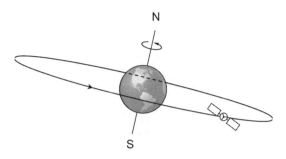

図 10.8　静止軌道（GEO）

（4）太陽同期軌道

　宇宙空間から地球の表面を永続的に観測するためには特別な軌道が必要になる．北極と南極の上空を周回する衛星は地球の自転を利用して地球全表面を観測することができる．このような軌道を「極軌道」という．極軌道にきわめて近い「太陽同期軌道（Sun-Synchronous Orbit：SSO）」は，衛星の軌道面と太陽の成す角度が常に一定になるため，衛星の通過する真下の地点の「地方時」がいつも同一となる．このため，大気層を含めて地球表面を長期間にわたって観測するのに最適な軌道となる（図 10.9）．

　太陽同期軌道（の衛星）は，地球が均質な球体ではなく，扁平形状の回転楕円体であることを利用することにより実現するもので，その際，軌道高度と軌道傾斜角と離心率がある一定の条件を満たすことが要求される．衛星の運動を決める2体問題では，地球が均質な球体であると仮定したが，厳密にいえば，地球の形は赤道方向に（わずかに）膨らんだ回転楕円体である．地球の半径は約 6,400 km であり，赤道半径は極半径より約 20 km 大きいので扁平率はほぼ 1/300 となる．

　この軌道は円でも楕円でも可能であるが，実用上，通常は円軌道または円軌道にきわめて近い楕円軌道を選択する（離心率はほぼゼロである）．図 10.10 は太陽同期の円軌道について，その軌道高度と軌道傾斜角の関係を示したものである．

① 準回帰軌道　　太陽同期の円軌道は，さらに，軌道高度と軌道傾斜角を選択することにより「準回帰軌道（Subrecurrent Orbit）」になる．「回帰軌道」とは衛星が毎日1回，同じ地点の上空を通過する軌道であり，準回帰軌道とは N 日ごとに同じ地点の上空を通過する軌道のことである．現在，多くの地球観測衛星は，高度 600 〜 900 km，軌道傾斜角 98°〜 99°で，回帰日数 3 日から 20 日前後の準回

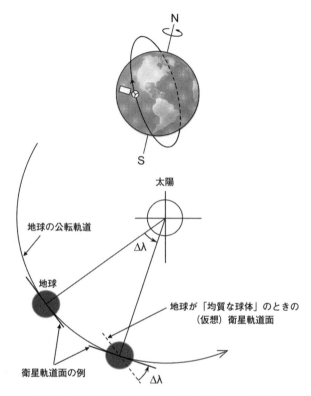

図 10.9 太陽同期軌道（SSO）（参考［16 = Sec. 5.4］）

帰の太陽同期・円軌道上を運行している．

② 地方時の選択　　太陽同期軌道は科学研究，実利用の双方で非常に重要な軌道である．この軌道を用いた長期間の観測によって得られる陸域・海域および（オゾンホールなどの）大気に関するデータは，遠隔探査（Remote Sensing：リモートセンシング）技術に活用されている．図 10.11 は，3 ケースの太陽同期軌道について，それぞれの特徴を示す．

(a)「日の出―日没」軌道 = 影が長く，照度が低い．太陽はいつも水平線（地平線）上にある．

(b)「正午―深夜」軌道 = 影が短く照度が高い．センサは海面からの強い反射を受ける．

(c)「午後―夜」軌道 = 影は中位で，適度な照度と適切な観測条件を提供する（こ

10.3 人工衛星の軌道

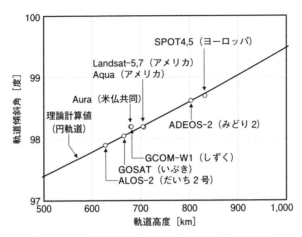

図 10.10 太陽同期軌道（円または円に近い楕円軌道）

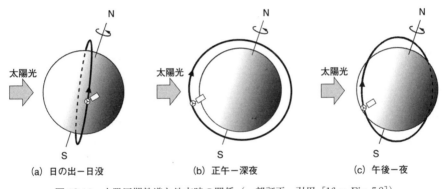

(a) 日の出－日没　　　(b) 正午－深夜　　　(c) 午後－夜

図 10.11 太陽同期軌道と地方時の関係（一部訂正・引用 [16 = Fig. 5.8]）

の図には示していないが，「午前－夜」の軌道も同じことである）．

現実に利用されている太陽同期軌道は (c) であるが，観測条件の観点から「昼側の地方時」を午前 10 時前後または午後 2 時前後に設定するのが一般的である．

(5) 摂動について

ここに示した地球中心の円錐曲線軌道は，厳密にいえば，2 体問題の前提条件が満たされたときに実現する軌道である．実際は，第 1 次近似で無視した微小な外力が衛星等に作用するため，その軌道は時間の経過とともに，理論上の軌道からずれていく．この微小変動を「摂動」，それを引き起こす微小な外力を「摂動力」と呼ぶ．

摂動力には，地球を除く天体からの重力，地球の非球体形状（とくに扁平形状）による微小変動力，希薄気体による空気力，太陽輻射圧力，地磁気力などが含まれる．

摂動力の大きさを概算してみる．約 200 km の高度で地球を周回する人工衛星に作用する地球重力を（大きさの桁で）1 とするとき，太陽 $\fallingdotseq 10^{-4}$，月 $\fallingdotseq 10^{-6}$，水星〜海王星 $\fallingdotseq 10^{-8} \sim 10^{-11}$ 程度になる．地球扁平の影響 $\fallingdotseq 10^{-3}$ である．その他の摂動力も微小であるが，そのうち，空気力はとくに低高度の軌道上で無視できない大きさになる．

衛星等はこれら摂動力の作用を長時間にわたって受けるため，所定の軌道と姿勢を維持するためには，自ら搭載した小型推進システム（ガスジェットやイオンエンジンなど）を適宜噴射することが必要になる．

☆ 10.4 軌道変更の原則

低高度，つまり，軌道エネルギーの低い円・楕円軌道に衛星を打ち上げるとき，宇宙ロケットはこれを地上から直接打ち上げる．しかし，軌道エネルギーの高い静止軌道や双曲線軌道に打ち上げるとき，エネルギー効率の面から，いったん低高度の円・楕円軌道に投入した後，「軌道変更」という操作を経て最終目標軌道に投入する．

衛星の軌道変更は，(1) 軌道面内の変更（軌道傾斜角を変えずに軌道の形と大きさを変更すること）と，(2) 軌道面の変更（軌道傾斜角のみを変えること）を，同時に行うが，ここでは (1) と (2) を別々に考えて効率的な軌道変換の方法を考える．

(1) 軌道の面内変更

図 10.12 に示すように，低高度（低エネルギー）の円軌道衛星を，最も効率よく，同一面内の高々度（高エネルギー）の円軌道に遷移（移行）させる問題を考える．この問題の解は，結論から先にいえば，この図の初期軌道 I と目標軌道 III を結ぶ（エネルギー効率のよい）楕円軌道 II を見つけることに帰する．そのような楕円軌道は，ある点（P 点）で低高度軌道 I に外接し，P 点から半周した A 点で高々度軌道 III に内接する楕円軌道 II であることがわかる．これは当該衛星が最小のエネルギー（最小の増速度 ΔV）で 2 つの軌道間を遷移する楕円軌道で，ホ

☆ 10.4 軌道変更の原則

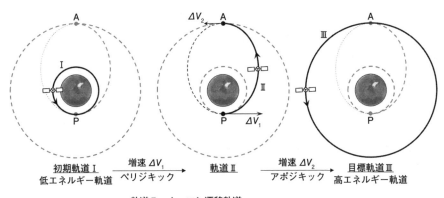

図10.12 地球周回軌道の変更―低高度円軌道から高高度円軌道への面内変更―（参考［15 = Fig. 3-4-1］）

ーマン遷移軌道またはホーマン・トランスファ軌道（Hohmann Transfer Orbit）と呼ばれる．

　現実に，衛星が初期軌道Ⅰから目標軌道Ⅲに移行するためには，まず初期軌道Ⅰの衛星がP点において地球の重力方向と直角に増速（ペリジキック：ΔV_1）することによって，軌道Ⅱ（ホーマン遷移軌道）に移る．次に，軌道Ⅱの衛星がA点に到達したとき，地球の重力方向と直角に増速（アポジキック：ΔV_2）をすることによって衛星は軌道Ⅲに乗る．当然，2回の増速量（ΔV_1, ΔV_2）は最適でなければならない．これは力学計算によって求められる．

　P点は地球を周回するホーマン遷移軌道（軌道Ⅱ）の「近地点」（Perigee：ペリジ），A点は「遠地点」（Apogee：アポジ）を意味する．ホーマン遷移軌道の近地点と遠地点における（2回の）増速の方向が地球の重力方向と直角であるため，（微小時間の）推力飛行中の重力損失がゼロになる．したがって，衛星はエネルギー最小で低エネルギー軌道から高エネルギー軌道に移行することができるのである．低高度の初期軌道Ⅰをパーキング軌道（待機軌道：Parking Orbit）という．

　上記の例は，ホーマン遷移軌道による「円軌道から円軌道への遷移」であるが，楕円軌道から楕円軌道への変更は，その応用問題になる．ただし，この場合，同様の軌道変更は，2つの楕円軌道の長軸（長径）方向が一致する場合にのみ行う

ことができる．2つの楕円軌道の長軸方向が一致していないときは，まず，どちらか一方の楕円軌道を円軌道に変更した後に，ホーマン遷移軌道による軌道変更が可能になる．

円または楕円軌道上の衛星を低高度の軌道から高々度の軌道に最小エネルギーで遷移させる方法は1925年，ドイツの科学者ホーマン（W. Hohmann）によって提唱された．ホーマン遷移軌道は，静止衛星などを打ち上げる際に必須となる遷移軌道であるが，泣き所は，遷移を完了するのに非常に長い時間を必要とすることである．逆に，衛星を高々度の軌道から低高度の軌道に遷移させるときも，エネルギー効率の観点から，ホーマン遷移軌道が最適になる．ただし，このときのΔV_1，ΔV_2は増速度ではなく，減速度となる．

なお，宇宙ロケットの性能と合わせて考えるとき，高エネルギーの軌道に打ち上げる衛星の質量をできる限り大きくするためには，パーキング軌道の高度をできる限り低くすることが求められるが，実用上の最低高度は200 km前後となる．

(2) 軌道面（軌道傾斜角）の変更

実際の軌道変更では，上記の軌道面内の変更とともに軌道面そのものの変更も必要となる．一般に，衛星の軌道面（軌道傾斜角）を変更するには，大きなエネルギーを要する．その原理を理解するため，軌道面の変更前後の2つの円軌道の速さVが同一のときのケースを考え，軌道傾斜角をαだけ変更するために必要な増速度を計算してみる（図10.13）．ベクトル計算により必要増速度（速さΔV）は以下のように求められる．

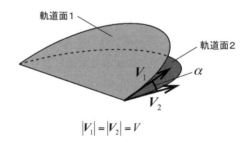

軌道面（軌道傾斜角）の変更に必要な増速度： $\Delta V = 2V \sin \dfrac{\alpha}{2}$

図 10.13　軌道面変更の原則

$$\Delta V = 2V \sin \frac{\alpha}{2} \tag{10.5}$$

式 (10.5) から，エネルギー最小（すなわち，ΔV 最小）の面変更は軌道速度（速さ V）の最小点（遠地点）で行うべきであることがわかる．これが「軌道面変更の原則」である．厳密にいえば，これは（面変更の前後において軌道の速さ V が同一という）特殊なケースに成り立つものであるが，一般の軌道変更の指標にもなる．現実に，種子島から静止衛星を打ち上げるとき，ホーマン遷移軌道の近地点と遠地点の双方で「面内変更」と「面変更」を行うが，軌道面変更の90％以上を遠地点で行うことが最適となる（次節参照）．いずれにしても，衛星の軌道傾斜角を変えるには非常に大きなエネルギーを必要とするので，注意が必要である．

なお，軌道変更の際の増速は，理念的にいえば，大きな推力を瞬間的に作用させることにより衛星が獲得する速度増分である．実際のエンジン噴射時間は数十秒程度になることもあるが，衛星の飛行時間に比べると桁違いに短いことに留意する．

☆ 10.5　静止衛星はいかにして"静止"衛星となるか

a.　静止衛星の打上げ手順

静止軌道は赤道上空約 36,000 km（正確には高度 35,786 km；地球の直径の約3倍）にのみ存在する軌道である．このような高エネルギー軌道に，衛星をどのように打ち上げるのであろうか．仮に，直接打ち上げるとすると，地球重力に逆らって飛行する時間が長いため「重力損失」が著しく大きくなり，まともな大きさの衛星を打ち上げることはできない．H-2A ロケットで静止衛星を打ち上げるときの手順は以下のとおりである．

① まず「第2段ロケットと衛星」を低高度のパーキング軌道（低高度の円軌道：LEO）に投入し，その時点で第2段ロケットエンジン推力を切る．種子島宇宙センター（北緯 30.4°）から真東方向にロケットを打ち上げるとき，途中で南北方向（ヨー方向）に機体姿勢を変更しない限り，パーキング軌道の軌道傾斜角は 30.4° となる．図 10.14 の例では LEO = 250 km と仮定したので，軌道速度（慣性速度）$V_{\rm LEO}$ = 7.76 km/s，軌道傾斜角 i = 30.4° となる．

② 「第2段ロケットと衛星」がパーキング軌道上で約12分間，無動力飛行を続け

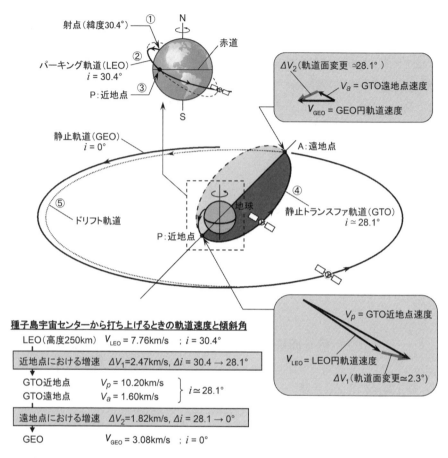

図 10.14 静止衛星はいかに"静止"衛星となるか

た後に赤道上空に到達したとき，第 2 段ロケットエンジンは第 2 回燃焼（再着火）によりペリジキック（ΔV_1）を行う．その後，静止トランスファ軌道上で衛星を第 2 段ロケット機体から分離する．

③ 静止トランスファ軌道とは，（0°と 30.4°の間の）最適な軌道傾斜角をもつホーマン遷移軌道である．ペリジキックとアポジキックの全増速量（$\Delta V_1 + \Delta V_2$）が最小となる角度が最適軌道傾斜角であり，その理論値は約 28.1°となるが，その値は 28°〜29°の間でほとんど変わらない（図 10.14）．

④ 上記の説明でロケットは，衛星をいったんパーキング軌道（$i = 30.4°$）に投入した後に静止トランスファ軌道（$i = 28.1°$）に遷移させるものと仮定した．が，実際は少し異なる．ロケットは飛行中，機体をヨー方向に制御することによって，パーキング軌道の軌道傾斜角を（30.4°ではなく）はじめから28.1°にしておく．したがって，衛星がパーキング軌道から静止トランスファ軌道に遷移するとき，軌道面の変更を行う必要はない．

⑤ 衛星が，ホーマン遷移軌道上を近地点Pから半周して遠地点A（赤道上空）に到達したとき，アポジエンジンを噴射することにより（アポジキック：ΔV_2），「軌道面内変更」と「軌道面の変更（28.1° → 0°）」を行う．アポジエンジン噴射により，衛星は，いったん「ドリフト軌道」（静止軌道より少し高めで地上から見て西に移動するか，あるいは，やや低めで東に移動する軌道）に移行する．その後，軌道修正・姿勢制御用の小型エンジン噴射による微調整を経て静止軌道（GEO）に乗る．軌道傾斜角は0°，軌道速度（慣性速度）は3.08 km/sで，この軌道上の衛星は地球の自転と同じ角速度で回転するので地表に対して相対的に静止している．「静止する」ということは，地表から見て，衛星が赤道上空の目標の経度位置に静止することを意味する．

b. **静止トランスファ軌道の最適軌道傾斜角について**

静止トランスファ軌道の最適傾斜角を，世界の主要な発射場について計算し，

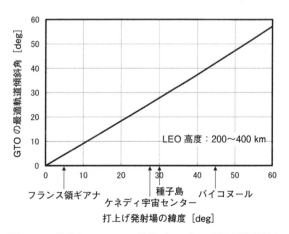

図 10.15 静止トランスファ軌道（GTO）の最適軌道傾斜角

表 10.1 主要発射場から静止衛星を打ち上げるときの必要増速量
―パーキング軌道から静止軌道まで―

	緯度	ΔV_1 [km/s]	ΔV_2 [km/s]	合計 [km/s]
ギアナ（フランス）	5.2° N	2.44	1.48	3.92
ケネディ宇宙センター（アメリカ）	28.5° N	2.46	1.79	4.25
種子島（日本）	30.4° N	2.47	1.82	4.29
バイコヌール（カザフスタン）	45.6° N	2.48	2.19	4.67

ΔV_1：ペリジキック，ΔV_2：アポジキック
〈条件〉1. パーキング軌道　　　　　　　　　　2. 静止トランスファ軌道
　　　　・高度 250 km の円軌道　　　　　　　　　・ホーマン遷移軌道
　　　　・パーキング軌道傾斜角＝発射場の緯度　　・軌道傾斜角＝最適傾斜角

図 10.15 に示した．また，必要となるペリジキック（ΔV_1）とアポジキック（ΔV_2）の増速量を表 10.1 に示す．この表からわかるように，発射場が低緯度に位置しているとき，合計の増速量が小さくて済むので，ロケットにとって有利になる．アリアンスペース社は ESA の開発したアリアン・ロケットを赤道に近いフランス領ギアナ（北緯 5.2°）から打ち上げている．静止衛星打上げ性能の利得は種子島打上げに比べて 370 m/s，バイコヌール打上げに比べて 750 m/s となり，その分，ロケットの打上げ性能が良くなる．その利得のほとんどは軌道面変更によるもので，地球の自転によるものはわずかであることに留意する．

c. 衛星質量と軌道との関係

軌道エネルギーの異なる 2 つの円（または楕円）軌道を考える．同じ宇宙ロケットを用いて人工衛星を打ち上げるとき，軌道エネルギーの低い軌道に比べて，高エネルギー軌道に打ち上げることのできる衛星質量は小さくなる．つまり，宇宙ロケットの打上げ性能は，その軌道ごとに異なる．たとえば，H-2A ロケットによって静止衛星を打ち上げるとき，まず「第 2 段ロケット機体と衛星」をパーキング軌道に投入する．その後，第 2 段液体ロケットエンジンの再着火でペリジキックを行って「衛星」を静止トランスファ軌道（GTO）に投入する．その後さらに，アポジキックにより「衛星」を静止軌道（GEO）に投入する，と説明した．すると，GTO 上の衛星と GEO 上の衛星はどう違うのか，という疑問が起きるであろう．

図 10.16 は，軌道ごとの衛星質量に焦点を当てて描いた概念図である．この図

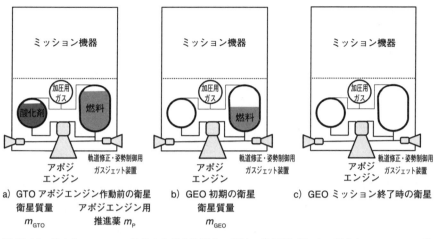

図 10.16 静止トランスファ軌道上と静止軌道上の衛星の比較図（GTO：静止トランスファー軌道，GEO：静止軌道）（参考 [62]）

で示した代表的な実用静止衛星は，アポジキックのための2液式推進システム（アポジエンジン）と軌道修正・姿勢制御用ガスジェット装置（1液式）を装備する．燃料が同じヒドラジンであるため，そのタンクを共用するのが一般的である．a) ロケットに搭載するときの衛星はそのまま GTO 上の衛星（質量 = m_{GTO}）で，アポジエンジンを内蔵する．アポジエンジンの作動により必要推進薬を消費した結果，b) GEO 初期の衛星（質量 = m_{GEO}）が誕生する．c) ガスジェットの燃料を消費し尽くした段階で静止衛星はミッションを終了する．ごく大まかな質量の関係を以下に示す．

$$m_{GTO} = m_{GEO} + m_p \quad (m_p：アポジエンジンの推進薬質量)$$
$$m_{GEO} \approx m_p \approx (1/2) m_{GTO}$$

以上の関係は概算であるが，重要なことは，GTO 軌道から GEO 軌道に移行するためには，静止衛星質量とほぼ同じ質量の（アポジエンジンの）推進薬を必要とすることである．また，他の機能が正常に機能している場合でも，人工衛星は軌道修正・姿勢制御用小型エンジンの推進薬量がゼロになったとき，その寿命を迎える．静止衛星は"静止"衛星でなくなる．

なお，静止衛星を打ち上げるときの，ロケットと衛星の責任分担について記す．日米欧のロケットはおおむね，ロケット搭載時の衛星（図 10.16 a））の GTO 投入までをロケット側が受けもち，アポジエンジンの作動による静止軌道投入は衛星

側の責任となる．一方，ロシアのプロトン・ロケットでは（オプションではあるが），静止軌道（GEO）投入までロケットが責任をもつ．既に退役したアメリカのタイタン・ロケットも同様に，ロケットが直接，静止衛星を GEO に投入した．この場合，アポジエンジンを宇宙ロケットの第3段または第4段として組み込まなければならない．

☆ 10.6 宇宙探査機の軌道

宇宙探査機が利用する軌道は，地球中心慣性座標系の双曲線軌道である．打上げのとき宇宙ロケットは，原則として，探査機をいったん低高度の地球周回軌道（パーキング軌道）に投入した後，さらに増速することにより双曲線軌道に乗せて，これを地球重力の影響圏（SOI, 後述）の外に送り出す．高度 200 km の上空で双曲線軌道上の探査機の慣性速度は「$11.0 + \Delta V$」km/s である．ここで ΔV は，各ミッションで要求される速度増加分である．ちなみに，同じ高度の円軌道速度（慣性速度）は 7.78 km/s であり，かなり小さいことがわかる．

(1) 火星探査機の軌道

地球から火星に探査機を送るとき最もエネルギー効率のよい軌道は「太陽中心慣性座標系」のホーマン遷移軌道である（図 10.17）．地球を出発した探査機は，地球の影響圏（後述）内で「地球中心慣性座標系」の双曲線軌道上を飛行する．地球の影響圏を出た後は「太陽中心慣性座標系」におけるホーマン遷移軌道（楕円軌道）に乗って太陽重力の下で飛行を続ける．長時間の飛行を経て目標とする火星の影響圏に入った後の探査機は，「火星中心慣性座標系」における双曲線軌道上を飛行するが，以後の運動は減速を含めて火星と探査機の間の問題となる．

ホーマン遷移軌道に乗って地球から火星に到達するまでの最適・最短の片道飛行の時間は単純計算で約 259 日となる（この計算では，火星と地球が同一平面上にあるものと仮定している）．最適とは，探査機が地球を出発する時点の地球と火星の位置関係が理想的な場合のことであり，このようなケースに巡り合えるのは約 780 日（2年2か月弱）に一度に限られる．この機会を逃すと，より長い片道飛行時間が必要になる．また，火星から地球に戻るときに最適なホーマン遷移軌道を利用するには約 16 か月間，火星に滞在する必要がある（[15 = Sec. 5.4], [16 = Sec. 5.3]）．

☆ 10.6 宇宙探査機の軌道

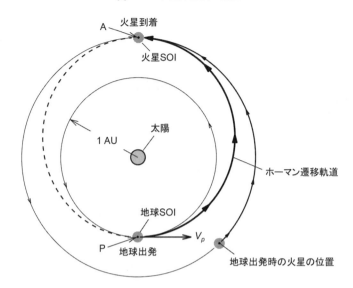

1AU：天文単位(約1.5億km)
● SOI (Sphere of Influence)：影響圏(作用圏)
V_p：探査機の地球出発時の速度(太陽中心慣性座標)
A：ホーマン遷移軌道の遠日点
P：ホーマン遷移軌道の近日点

図 10.17 火星探査機の飛行経路―地球と火星の位置関係が最適の場合―
(参考 [15 = Sec. 5.4], [16 = Fig. 5.5])

(2) エネルギーの補給

太陽中心慣性座標系において，木星，土星，天王星，海王星などの惑星の軌道エネルギーは地球に比べてはるかに大きい．これら高エネルギー軌道の惑星に探査機を送るとき，地球出発の時点で目標惑星に到達するのに十分なエネルギーを探査機に与えることができない場合が多い．このようなとき，探査機を地球から目標の惑星に向かって直接送り出すのではなく，途中で，別の惑星のすぐ傍を飛行させ，その惑星の「重力と軌道速度」を利用してエネルギーを補給する，という手法を用いる．これはスウィングバイ（Swing-by）飛行と呼ばれ，宇宙探査の重要な手法であるが，その内容は本書の範疇を越えるのでここでは具体論に入らない（詳細は [15], [16], [21] を参照のこと）．

(3) 影響圏（作用圏）

地球から出発した宇宙探査機は地球重力の影響から脱出して太陽重力の影響下

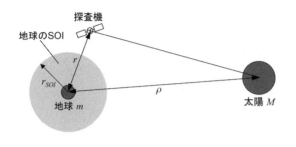

図 10.18 地球の影響圏

に入ると説明したが，その境は地球からどの位離れた距離になるのか．惑星間空間を飛行する探査機は，地球と太陽のどちらの重力の影響をより強く受けるのであろうか（図 10.18）．

太陽の質量は惑星全体の 700 倍以上，木星の 1,000 倍以上を占めるため，太陽系全域において探査機は，各惑星のごく近傍の狭い領域を除いて太陽重力の影響下にあると考えられる．その狭い領域では，惑星の重力が十分に大きいので太陽重力の影響は及ばないと考えてよい．これを当該惑星の（太陽に対する）「影響圏（Sphere of Influence：SOI）」または「作用圏」と呼ぶ．

地表から打ち上げられた宇宙探査機は，双曲線軌道に乗って地球から離れていくが，そのとき，探査機に作用する地球重力の大きさは，地球中心からの距離の 2 乗に反比例する．そして，影響圏を越えたところで探査機は地球重力の影響から脱して太陽重力の影響下に入る．その境界はどのあたりにあるのか．この問題を [14 = Chap. 7] に基づき以下のように整理する．

探査機に働く力を①地球から見たとき，「地球重力」と「太陽重力による摂動力」の和であると考える．②太陽から見たとき，「太陽重力」と「地球重力による摂動力」の和であると考える．図 10.18 を参考に，加速度ベクトルで表すと次のようになる．

① 地球から見たときの探査機に作用する外力（加速度）ベクトル

$$a = a_E + a_{pS} \tag{10.6}$$

a_E：地球重力による加速度，a_{pS}：摂動力（太陽重力）による加速度

② 太陽から見たときの探査機に作用する外力（加速度）ベクトル

$$A = A_S + A_{pE} \tag{10.7}$$

A_S：太陽重力による加速度，A_{pE}：摂動力（地球重力による加速度）

地球の重力が支配的な影響圏の境界は以下の式により決まる，と考えられる．

表 10.2 惑星の影響圏（作用圏）半径

	半径 [10^6 km]	各惑星の軌道長半径に対する比
水星	0.112	1.94×10^{-3}
金星	0.616	5.70×10^{-3}
地球*	0.925	6.18×10^{-3} ($\simeq 6/1{,}000$)
火星	0.577	2.53×10^{-3}
木星	48.20	6.19×10^{-2}
土星	54.65	3.82×10^{-2}
天王星	51.85	1.80×10^{-2}
海王星	86.77	1.93×10^{-2}

＊（参考）地球と月の平均距離 = 384,400 km = 0.384×10^6 km

$$\frac{|\boldsymbol{a}_{pS}|}{|\boldsymbol{a}_E|} = \frac{|A_{pE}|}{|A_S|} \tag{10.8}$$

近似計算の結果，地球の影響圏（半径：r_{SOI}）は次のように求められる．

$$\frac{r_{\text{SOI}}}{\rho} \cong \left(\frac{m}{M}\right)^{2/5} \tag{10.9}$$

ここで，ρ は地球から太陽までの距離（1 天文単位 = 1 AU），m は地球の質量，M は太陽の質量を示す．式 (10.9) により，地球の影響圏は，地球と太陽との距離のほぼ 0.6％（6/1,000）になる．この影響圏が地球の重力圏と考えてよい．太陽に対する他の惑星の影響圏も同様にして求めることができる．計算結果は表 10.2 に示すとおりであるが，各惑星の影響圏はきわめて狭い領域に限られる．この影響圏（の半径）は厳密な距離ではなく，大まかな領域（範囲）を示すものであることはいうまでもない．

第 10 章で参考にした主な文献：[10]，[14]，[15]，[16]，[39]，[44]，[45]，[46]，[62]，[63]，[64]

6. 無重量（無重力）とは何か？

自由落下運動の問題を考える．わかりやすい例として「カプセルの直線自由落下運動」と「宇宙船の地球周回円運動」を慣性系および非慣性系で観察してみよう（図）．

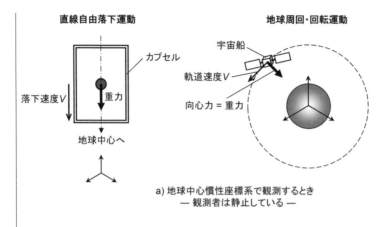

a) 地球中心慣性座標系で観測するとき
— 観測者は静止している —

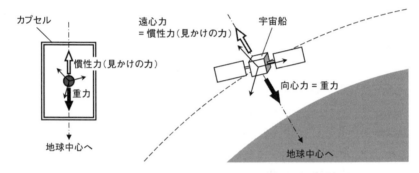

b) カプセル・宇宙船に固定した座標系（非慣性系）で観測するとき
— 観測者はカプセル・宇宙船とともに運動する —

図　無重量（無重力）とは何か

　a）我々が地球中心慣性座標系の視点で観察するとき，カプセルと宇宙船は地球中心に向かって自由落下している．双方に働く外力は重力だけである．加速度計は「重力場によって誘起された加速度を検知できない」（第8章，8.3節）ので，人も同様に感知できない．カプセルと宇宙船の中は無重量（無重力）状態である．

　b）地球中心に向かって自由落下するカプセルに固定した非慣性座標系で観察するとき，この座標系には重力（加速度）のほか，反対方向の見かけの力（慣性力）（の加速度）が現れる．重力と慣性力が釣り合うので無重量状態となる．一方，地球を周回する宇宙船に固定した非慣性座標系（地球重心を中心とする回転座標系）で観察するとき，向心力としての重力（加速度）のほか，遠心力という見かけの力（の加速度）が現れる．重力と見かけの力（遠心力）が釣り合うので無重量状態となる．

上記 b) について注記する．「宇宙船の中では重力と遠心力が釣り合っているので無重量である」という説明がよく見られるが，それを一般論として主張することは誤解を招く．たとえば，巡航速度で飛行している航空機には第 2 章，図 2.5 のとおり，自重（重力）と反対方向で同じ大きさの揚力が働き，2 つの力は釣り合っている．ならば，航空機の中は無重量状態で，乗客は宇宙飛行士のように客室の中を自由に遊泳することができるであろうか？　第 8 章，図 8.3 に示した例では，リフトオフ前のロケットが発射台上に立っているとき，ロケット機体には重力と（反対向きの）垂直抗力が働いており，2 つの力は釣り合っている．すると我々は，地上で静止するロケット機体の中で無重量状態を体験できるであろうか？　実際は，このとき，ロケットに搭載した加速度計は（下向きではなく）上向きに 1 G（地表の重力加速度と同じ大きさの加速度）を検知している．加速度計も人も重力（加速度）を感じないが，空気力や垂直抗力などの接触力（による加速度）は感知・検知するからである．
　遠心力のような慣性力（見かけの力）の場合はどうか？　第 10 章，10.1 節で見たように，相対性理論をもち出すまでもなく，ニュートン力学の観点からも，重力と見かけの力はその特性が同じで，質量に比例する．2 つの力は，素粒子レベルに至るまで質量をもつすべての物体に対して，あらゆる障害物を透過して作用する．「重力と遠心力が釣り合うから無重量である」という上記 b) の考え方は，このような力の特性を理解した上で初めて主張できることなのである．
　[問題]　思考実験として考えていただきたい．いま，国際宇宙ステーション（ISS）が地球の周回円軌道上を飛行している．中にいる飛行士や加速度計はなんらの力（の加速度）を感知・検知しない．無重量状態である．そこで，地球から遠く離れた宇宙空間で，ギリシャ神話のヘラクレス（「体重」は人間並み！）が蘇ったと想定し，地球の中心から ISS までの距離と同じ長さの鎖の先に ISS と同じ大きさの宇宙船を結びつけ，それをハンマー投げ選手よろしく回転させたとする．宇宙船の中の飛行士はどのような力（加速度）を感じるであろうか？　加速度計は何を検出するであろうか？

【注】
注 10.1　**重力と接触力**：「接触力」が物理学（力学）の専門用語として認められているのか否か，筆者は知らない（いくつかの物理学入門書や高校の物理の参考書には散見される）．しかし，古典力学の範囲に絞って考えるとき，この用語は遠隔作用による重力（万有引力）に対して「重力を除く力」の本質的な違いの側面を端的に表現しているので，あえてここで用いることにした．
注 10.2　**ケプラーの法則**：ドイツの天文学者ケプラー（Johannes Kepler：1571-1630）は，その師であったティコ・ブラーエ（Tycho Brahe：1546-1601，デンマーク）から引き継いだ膨大な天文観測データを解析した結果，惑星の運動に関する 3 つの法則を経験

則として導き出した．これをケプラーの法則と呼ぶ．
1. 惑星は太陽を焦点の1つとする楕円軌道上を運行する．
2. 太陽と惑星を結ぶ直線が単位時間に掃く（sweepする）面積（面積速度）は一定である．
3. 惑星の「公転周期の2乗」は「軌道長半径の3乗」に比例する．

注 10.3　見かけの力：回転座標系には慣性力（見かけの力）として遠心力とコリオリの力が生じる．コリオリの力は回転座標系の中で運動する物体に働くものである．通常，ISSや人工衛星などの中では人も機器も運動しないと考えてよいので，慣性力としては遠心力のみが生じると考えてよい．

[問題] 今から40年ほど前，プリンストン大学のオニール博士が提唱した「スペース・コロニー」の中で野球，サッカー，ゴルフなどの競技をすることを想定したとき，それぞれのボールは（地球上と比較して）どのような飛び方をするであろうか？ 頭の体操として，学生諸君は一度考えてみると面白いであろう．

付録A　主要な宇宙ロケット一覧 (参考 [2], [48], [56], [69])

[A-1　日本の宇宙科学衛星打上げロケット] 開発機関：(旧) 文部科学省宇宙科学研究所 (ISAS) → 宇宙航空研究開発機構 (JAXA)

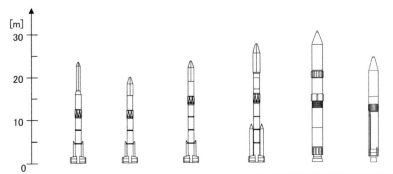

名称	M-4S	M-3C	M-3H/M-3S	M-3S-2	M-5	イプシロン
全長 [m]	23.6	20.2	23.8	27.8	30.8	24.4
直径 [m] 1段/フェアリング	1.4 / 0.86	1.4 / 1.4	1.4 / 1.4	1.4 / 1.6	2.5 / 2.5	2.6 / 2.6
発射時質量 [t]	43.5	41.7	49.2	61.7	140	91
構成 (段数)*	1・補8・2・3・4	1・補8・2・3	1・補8・2・3	1・補2・2・3	1・2・3	1・2・3
推進薬	全段固体	全段固体	全段固体	全段固体	全段固体	全段固体
全段質量比**	4.0	4.2	4.6	4.9	7.7 (概算値)	8.0
打上げ能力 LEO[t]	0.18	0.195	0.30	0.77	1.85	1.20
運用期間	1970-72	1974-79	1977-84	1985-95	1997-2006	2013-
打上げ実績 成功数/打上げ数	3 / 4	4 / 4	7 / 7	7 / 8	7 / 8	1 / 1
備考	・国内開発	・国内開発	・国内開発	・国内開発	・国内開発 ・Mシリーズ全体の打上げ実績=28/31=90%	・国内開発
打ち上げた主な衛星・探査機	・科学衛星「しんせい」 ・電波観測衛星「でんぱ」	・太陽観測衛星「たいよう」 ・X線天文衛星「はくちょう」	・オーロラ観測衛星「きょっこう」 ・磁気圏観測衛星「じきけん」 ・太陽観測衛星「ひのとり」 ・X線天文衛星「てんま」 ・中層大気観測衛星「おおぞら」	・ハレー彗星探査機「すいせい」 ・X線天文衛星「ぎんが」 ・磁気圏観測衛星「あけぼの」 ・X線天文衛星「あすか」	・電波天文観測衛星「はるか」 ・小惑星探査機「はやぶさ」 ・X線天文衛星「すざく」 ・赤外線天文衛星「あかり」 ・太陽観測衛星「ひので」	・惑星分光観測衛星「ひさき」

*「1・補8・2・3・4」は，1段，補助ロケット8基，2段，3段，4段で構成されていることを示す.
**ペイロードなしのとき

[A-2 日本の実用衛星打上げロケット] 開発機関：(旧) 宇宙開発事業団 (NASDA) → 宇宙航空研究開発機構 (JAXA)

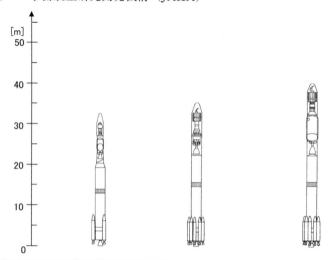

名称	N-1	N-2	H-1
全長 [m]	32.6	35.4	40.3
直径 [m] 1段/フェアリング	2.4 / 1.7	2.4 / 2.4	2.4 / 2.4
発射時質量 [t]	90（衛星含まず）	136	140
構成（段数）*	1・補3・2・3	1・補9・2・3	1・補9・2・3
推進薬	液・固・液・固	液・固・液・固	液・固・液・固
誘導	電波誘導	慣性誘導	慣性誘導
全段質量比**	12.2	10.6	10.0
打上げ能力 LEO[t] / GTO[t]	1.2 / 0.26	2.0 / 0.72	3.0 / 1.10
運用期間	1975 - 1982	1981 - 1987	1986 - 1992
打上げ実績 成功数/打上げ数 (2016年6月末現在)	6 / 7 または 7/7	8 / 8	9 / 9
備考	・米国よりの技術導入 ・1ミッション失敗.ロケット原因説と衛星原因説あり	・米国よりの技術導入	・米国よりの技術導入 ・第2段，第3段は国内開発 ・技術導入ロケット全体の打上げ実績 = 23/24 または 24/24
打ち上げた主な衛星・探査機	・技術試験衛星「きく」(1, 2号) ・電離層観測衛星「うめ」(1, 2号) ・技術試験衛星「きく4号」	・静止気象衛星「ひまわり2号」 ・通信衛星「さくら2号-a, -b」 ・放送衛星「ゆり2号-a, -b」 ・静止気象衛星「ひまわり3号」 ・海洋観測衛星「もも1号」	・技術試験衛星「きく5号」 ・通信衛星「さくら3号-a, -b」 ・静止気象衛星「ひまわり4号」 ・海洋観測衛星「もも1号-b」 ・放送衛星「ゆり3号-a, -b」 ・地球資源衛星「ふよう1号」

*「1・補3・2・3」は，1段，補助ロケット3基，2段，3段で構成されていることを示す.
**ペイロードなしのとき

付録A　主要な宇宙ロケット一覧

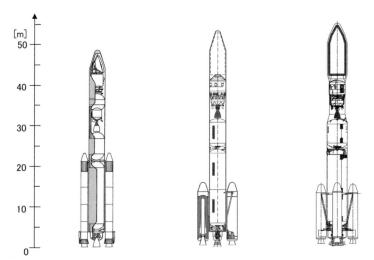

名称	H-2	H-2A	H-2B
全長 [m]	49	53	56
直径 [m]　1段／フェアリング	4.0 / 4.1 - 5.1	4.0 / 4.1 - 5.1	5.2 / 5.1
発射時質量 [t]	260	289（衛星含まず）	531（衛星含まず）
構成（段数）*	1・補2・2	1・補2・2	1・補4・2
推進薬	液・固・液	液・固・液	液・固・液
誘導	慣性誘導	慣性誘導	慣性誘導
全段質量比**	6.7	7.4	7.3
打上げ能力　LEO[t] / GTO[t]	10.0 / 4.0	10.0 / 4.0	16.5（国際宇宙ステーション軌道）/ 8
運用期間	1994 - 1999	2001 -	2009 -
打上げ実績　成功数／打上げ数　（2016年6月末現在）	5 / 7	29 / 30	5 / 5
備考	・国内開発 ・1, 2段 = LOX/LH$_2$エンジン ・2機失敗：第2段エンジンおよび第1段エンジンの不具合による	・国内開発 ・H-2ロケットの改良型 ・1機失敗：固体ロケットSRB-Aの不具合による	・国内開発 ・国際宇宙ステーション補給機（HTV）打上げ用 ・H-2シリーズ全体の打上げ実績 = 39/42 = 93%
打ち上げた主な衛星・探査機	・宇宙実験・観測フリーフライヤ（SFU） ・静止気象衛星「ひまわり5号」 ・地球観測プラットフォーム技術衛星「みどり」 ・熱帯降雨観測衛星 ・技術試験衛星「きく7号」	・運輸多目的衛星「ひまわり7号」 ・技術試験衛星「きく8号」 ・月周回衛星「かぐや」 ・超高速インターネット衛星「きずな」 ・温室効果ガス観測技術衛星「いぶき」 ・金星探査機「あかつき」 ・準天頂衛星「みちびき」 ・水循環変動観測衛星「しずく」 ・陸域観測技術衛星「だいち2号」	・国際宇宙ステーション補給機（HTV）

*「1・補3・2・3」は，1段，補助ロケット3基，2段，3段で構成されていることを示す．
**ペイロードなしのとき

[A-3 海外の主要な宇宙ロケット]

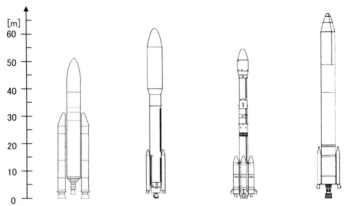

名称 (図示) シリーズ名	アリアン5 Ariane 5G	アトラス5 Atlas V-500	長征 (CZ) 3 Long March 3B	デルタ4 Delta 4-M
全長 [m]	51.4	62.2	54.8	63.0 - 66.2
開発・運用国	ヨーロッパ (ESA)	アメリカ	中国	アメリカ
直径 [m] 1段/フェアリング	5.5 / 5.4	3.8 / 5.4	3.4 / 4.2	5.1 / 5.1
発射時質量 [t]	746	565 (衛星含まず)	425.8 ?	388 (衛星含まず)
全段質量比*	7.7	11.9	12.1 (概算値)	8.2
打上げ能力 LEO[t]/GTO[t]	― / 6.7	20.5 (552型) / 8.7 (551型)	11.2 / 5.1	13.7 / 6.8
初号機打上げ	1996	2002	1984	2002
打上げ実績 成功数/打上げ数 (2016年6月末現在)	82 / 86	62 / 63	82 / 87	31 / 32 (Delta 4-Hを含む)
備考	・前身のアリアン4型 (1988-2003年) の打上げ実績 = 113/116 = 97%	・アトラス・シリーズとしては1958年以来380機以上打ち上げた. 通算実績 (参考) = 90%	・1996年2月, 発射直後ロケット開発史上最悪の事故を起こした ・長征シリーズとしては1970年以来220機以上打ち上げた. 通算実績 (参考) = 95%	・デルタ・シリーズとしては1960年以来370機以上打ち上げた. 通算実績 (参考) = 96%

*ペイロードなしのとき

構成および推進薬・構造系材料

構成	1段	LOX/LH$_2$・Al	LOX/kerosene・Al	N$_2$O$_4$/UDMH・Al	LOX/LH$_2$・Al
	補助ロケット	固体・SS	固体・複合材	N$_2$O$_4$/UDMH・Al	固体・複合材
	2段	N$_2$O$_4$/MMH・Al	LOX/LH$_2$・SS	N$_2$O$_4$/UDMH・Al	LOX/LH$_2$・Al
	3段	―	―	LOX/LH$_2$・Al	―
	4段/上段	―	―	―	―

付録A 主要な宇宙ロケット一覧

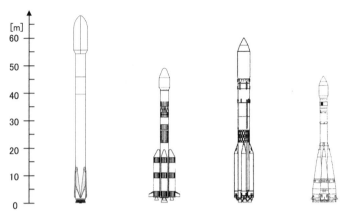

名称 (図示)シリーズ名	ファルコン9 Falcon 9 v1.1 & v1.2	GSLV GSLV	プロトンM Proton M	ソユーズ2 Soyuz 2-1a & 2-1b
全長 [m]	68.4	49	60	46.1
開発・運用国	アメリカ	インド	ロシア	ロシア
直径 [m] 1段/フェアリング	3.7 / 5.2	2.8 / 3.4	4.1 / 4.4	3.0 / 4.1
発射時質量 [t]	506	402(衛星含まず)	702	310？
全段質量比*	？	7.7	14.3 (フェアリング含まず)	12.5 (フェアリング含まず)
打上げ能力 LEO[t]/GTO[t]	13.15 / 4.85	5.0 / 1.9 - 2.5	21 / 5.5	7.9 / 2.0
初号機打上げ	2013	2001	2001	2004
打上げ実績 成功数/打上げ数 (2016年6月末現在)	20 / 21	4 / 9	87 / 98	56 / 60
備考	・アメリカ民間企業SpaceX社により開発・運用されている商業用宇宙ロケット．部分再使用を目指して実験継続中	・静止衛星打上げ用ロケット．地球観測衛星打上げのためのPSLVも運用中	・前身のプロトンKを含め，プロトン・シリーズとして1965-2015年に400機以上打ち上げた．通算実績(参考) = 89%	・ガガーリンによる初の有人飛行を含め，ソユーズ・シリーズとして1957年以来1,800機以上打ち上げた ・事故(1961, 1971)により飛行士3名犠牲 ・国際宇宙ステーションへの輸送を担当

*ペイロードなしのとき

構成および推進薬・構造系材料

構成		ファルコン9	GSLV	プロトンM	ソユーズ2
	1段	LOX/kerosene・Al-Li	固体・SS	N_2O_4/UDMH・Al	LOX/kerosene・Al
	補助ロケット	—	N_2O_4/UDMH・Al	—	LOX/kerosene・Al
	2段	LOX/kerosene・Al-Li	N_2O_4/UDMH・Al	N_2O_4/UDMH・Al	LOX/kerosene・Al
	3段	—	LOX/LH_2・Al	N_2O_4/UDMH・Al	—
	4段／上段	—	—	N_2O_4/UDMH・Al 複合材	N_2O_4/UDMH・Al

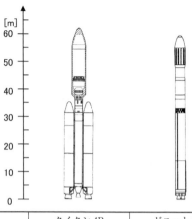
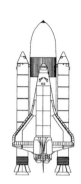

名称 (図示) シリーズ名	タイタン 4B Titan 4B	ゼニット 3SL Zenit 3SL	スペースシャトル Space Shuttle
全長 [m]	最大 62.2	59.6	56.1
開発・運用国	アメリカ	ウクライナ（旧ソ連）	アメリカ
直径 [m] 1段／フェアリング	3.1 / 5.1	3.9 / 4.2	8.4 / 直径 4.6 [m]×長さ 18.3 [m]
発射時質量 [t]	933（衛星含まず）	471（衛星含まず）	2,040
全段質量比*	9.8	10.2	7.1
打上げ能力 LEO[t]/GTO[t]	21.7 / 5.8 (GEO)	― / 6.1	28.8 / ―
初号機打上げ	1997	1999	1981
打上げ実績 成功数／打上げ数 (2016年6月末現在)	15 / 17	38 / 42	133 / 135
備考	・軍事衛星・惑星探査機打上げ用 ・1997 年打上げの NASA「カッシーニ」は現在も土星観測を継続中 ・2005 年に退役．タイタン・シリーズとして 1964 年以来 219 機打上げ	・ロシア，ウクライナ，アメリカ，ノルウェーの共同事業により赤道上海面より商業衛星を打ち上げている ・経営悪化による打上げ中断時期あり	・部分再使用型有人ロケット（飛行士最大 7 名搭乗）．外部タンクは使い捨て，補助の固体ロケットは回収，オービタは宇宙空間より帰還・再使用する ・チャレンジャー号 (1986)，コロンビア号 (2003) の事故により飛行士 14 名犠牲 ・2011 年 7 月に退役

*ペイロードなしのとき

構成および推進薬・構造系材料

構成	1段	（第0段）固体・複合材	LOX/kerosene・Al	（オービタ）LOX/LH$_2$・Al
	補助ロケット	（第1段） N$_2$O$_4$/A-50・Al	―	固体・SS
	2段	N$_2$O$_4$/A-50・Al	LOX/kerosene・Al	（外部タンク）Al，Al-Li
	3段		―	
	4段／上段	LOX/LH$_2$・SS	LOX/kerosene・Al	

付録 B　略語表

Al	Aluminum Alloy	アルミニウム合金
AP	Ammonium Perchlorate	過塩素酸アンモニウム
CDR	Command Destruct Receiver	指令破壊受信装置
CFRP	Carbon Fiber Reinforced Plastics	炭素繊維強化複合材料
CNSA	China National Space Administration	中国国家航天局
CTPB	Carboxyl-terminated Polybutadiene	末端カルボキシル基ポリブタジェン
DIGS	Delta Inertial Guidance System	デルタ誘導システム
ESA	European Space Agency	ヨーロッパ宇宙機関
FAI	Fédération Aéronautique Internationale	国際航空連盟
FRP	Fiber Reinforced Plastics	繊維強化複合材料
FSA	Federal Space Agency	ロシア連邦宇宙局
GEO	Geosynchronous Earth Orbit	静止軌道
GFRP	Glass Fiber Reinforced Plastics	ガラス繊維強化複合材料
GPS	Global Positioning System	全地球測位システム
GTO	Geostationary Transfer Orbit	静止トランスファ（遷移）軌道
HTPB	Hydroxyl-terminated Polybutadiene	末端水酸基ポリブタジェン
IAF	International Astronautical Federation	国際宇宙航行連盟
IMU	Inertial Measurement Unit	慣性センサユニット
ISAS	Institute of Space and Astronautical Science	旧文部科学省・宇宙科学研究所
ISS	International Space Station	国際宇宙ステーション
Isp	Specific Impulse	比推力
ISRO	Indian Space Research Organisation	インド宇宙研究機関
JAXA	Japan Aerospace Exploration Agency	国立研究開発法人・宇宙航空研究開発機構（旧宇宙科学研究所，旧航空宇宙技術研究所，旧宇宙開発事業団の統合によってできた法人）
LEO	Low Earth Orbit	低高度地球周回軌道（円または楕円）
LH_2	Liquid Hydrogen	液体水素
LNG	Liquefied Natural Gas	液化天然ガス
LOX	Liquid Oxygen	液体酸素
LSC	Linear Shaped Charge	V型成形爆破線
MMH	Monomethyl-Hydrazine	モノメチルヒドラジン

NASA	National Aeronautics and Space Administration	アメリカ航空宇宙局
NASDA	National Space Development Agency of Japan	旧宇宙開発事業団
PAF	Payload Attach Fitting	衛星分離部
RT	Radar Transponder	レーダートランスポンダ
SLV	Space Launch Vehicle	宇宙ロケット（または 衛星打上げ用ロケット）
SOI	Sphere of Influence	影響圏（または 作用圏）
SRB	Solid Rocket Booster	固体ロケットブースタ
SS	Stainless Steel	ステンレス鋼
SSO	Sun-Synchronous Orbit	太陽同期軌道
SSTO	Single-Stage-To-Orbit	単段式再使用型宇宙輸送機
T/M	Telemeter Transmitter	テレメータ送信装置
TSTO	Two-Stage-To-Orbit	2段式再使用型宇宙輸送機
UDMH	Unsymmetrical Dimethyl-Hydrazine	非対称ジメチルヒドラジン

参考文献

(ハンドブック・データ集・一般解説書)
1. Koelle, H. H., Ed., "Handbook of Astronautical Engineering," McGraw-Hill, 1961.
2. Isakowitz, S. J. et al., "International Reference Guide to Space Launch Systems," AIAA, 2nd Ed., 1991;3rd Ed., 1999;4th Ed., 2004.
3. 日本航空宇宙学会編『航空宇宙工学便覧』, 丸善, 初版増補版 1983, 第 2 版 1992, 第 3 版 2005.
4. Ley, W., Wittmann, K., and Hallmann, W., Ed., "Handbook of Space Technology," AIAA, Wiley, 2009.
5. von Braun, W. and Ordway Ⅲ, F.I., "History of Rocketry & Space Travel," 3rd Revised Ed., Crowell, 1975.
6. Baker, D., "The Rocket — The History and Development of Rocket & Missile Technology," Crown, 1978.
7. 冨田信之『ロシア宇宙開発史 気球からヴォストークまで』, 東京大学出版会, 2012.
8. 佐貫亦男『ロケット』, 旺文社, 1967.
9. 黒田泰弘, 宮沢政文「ロケット」の項目『日本大百科全書』, pp.520-524, 小学館, 1988.
10. 国立天文台編『平成 28 年 理科年表』, 丸善出版, 2016.
11. National Oceanic and Atmospheric Administration (NOAA), National Aeronautics and Space Administration (NASA), and United States Air Force, "U.S. Standard Atmosphere, 1976," 1976.
12. 宇宙開発事業団『写真で綴る宇宙開発事業団二十五年史』, 1995.

(専門書・論文・科学誌)
13. Goddard, R. H., "Rockets" ("A Method of Reaching Extreme Altitudes" および "Liquid-Propellant Rocket Development" 復刻版), アメリカ航空宇宙学会 (AIAA), 2002.
14. Bate, R. R., Mueller, D. D., and White, J. E., "Fundamentals of Astrodynamics," Dover, 1971.
15. Hale, F. J., "Introduction to Space Flight," Prentice Hall, 1994.
16. Fortescue, P., Stark, J., and Swinerd, G., "Spacecraft Systems Engineering," 3rd Ed., Wiley, 2003.
17. Humble, R. W., Henry, G. N., and Larson, W. J., "Space Propulsion Analysis and

Design," McGraw-Hill, 1995.
18. Sutton, G. P., "Rocket Propulsion Elements," 6th Ed., John Wiley & Sons, 1992.
19. Huzel, D. K. and Huang, D. H., "Modern Engineering for Design of Liquid-Propellant Rocket Engines," AIAA, 1992.
20. Hill, P. G. and Peterson, C. R., "Mechanics and Thermodynamics of Propulsion," 2nd Ed., Addison-Wesley, 1992.
21. 木村逸郎『ロケット工学』, 養賢堂, 1993.
22. 栗林忠男編『解説宇宙法資料集』, 慶応通信, 1995.
23. 冨田信之ほか『ロケット工学基礎講義』, コロナ社, 2001.
24. 田辺英二『ロケット システム』私家版, 1999.
25. 茂原正道『宇宙工学入門―衛星とロケットの誘導・制御―』, 培風館, 1995.
26. 「応用機械工学」編集部編『宇宙開発と設計技術』, 大河出版, 1982.
27. Smith, J. L., "Pyrotechnic Shock: A Literature Survey of the Linear Shaped Charge (LSC)," NASA TM-82583, 1984.
28. 今井 功『流体力学(前編)』, 裳華房, 1997.
29. Liepmann, H. W. and Roshko, A., "Elements of Gasdynamics," John Wiley & Sons, 1957.
30. Anderson, J. D., Jr., "Fundamentals of Aerodynamics," 2nd Ed., McGraw-Hill, 1991.
31. Penner, S. S., "Chemistry Problems in Jet Propulsion," Pergamon Press, 1957.
32. 兵神装備(株)『The Engineer's Book エンジニアズブック 技術データ集 第18版』, p.158, 2010.
33. Bruhn, E. F., Orlando, J. I., and Meyers, J. F., "Analysis and Design of Missile Structures," Tri-State Offset Company, 1967.
34. NASA, "Structural Design and Test Factors of Safety for Spaceflight Hardware," STD-5001A, Aug. 2008.
35. NASA, "Structural Design Criteria Applicable to a Space Shuttle," SP-8057 Rev., 1972.
36. 宇宙航空研究開発機構「構造設計標準」, JERG-2-320A, 2011.
37. リチャード・A・クレーグ, 畠山久尚訳『宇宙空間の科学』, 河出書房新社, 1969.
38. Bletsos, N. A., "Launch Vehicle Guidance, Navigation, and Control," Crosslink, Aerospace Corp., Winter, 2003/2004.
39. 内山龍雄『相対性理論入門』, 岩波新書, 1992.
40. 宮沢政文「わが国における実用ロケットの開発と技術導入」, 日本航空宇宙学会誌, Vol.39, No.445, pp.55-68, 1991.
41. 宮沢政文「宇宙への挑戦―開発進むH-2ロケット」, スペクトラム, 丸善, Vol.02,

No.1, pp.10-31, 1989.
42. NASA, "Phased Project Planning Guidelines," NHB 7121.2, 1968.
43. Aviation Week & Space Technology, March 30, p.20；April 6, pp.23-24, 1987.
44. 山本義隆『新・物理入門』, 駿台文庫, 2004.
45. 戸田盛和『力学』〔物理入門コース 1〕, 岩波書店, 1998.
46. Feynman, R. P., Leighton, R. B., and Sands, M., "The Feynman Lectures on Physics," Addison-Wesley, 1963.

（報告書・広報資料等）

47. 宮沢政文「近代ロケット伝来考―H-1 ロケット計画の終了に際して―」, NASDA NEWS, No. 125, 宇宙開発事業団, 1992.
48. 文部省 宇宙科学研究所『宇宙空間観測 30 年史』, 1987.
49. 宇宙開発委員会 安全部会「H-2A ロケット試験機 1 号機の打上げに係る安全対策について」, 2001.
50. 宇宙開発事業団「平成 13 年度夏期ロケット打上げ及び追跡管制計画書―H-2A ロケット試験機 1 号機（H-2A・F1）」, 2001.
51. 宇宙開発委員会「H-2A ロケット 6 号機打上げ失敗の原因究明及び今後の対策について」, 2004.
52. 宇宙航空研究開発機構・(株)ロケットシステム「平成 16 年度冬期ロケット打上げ計画書―運輸多目的衛星新 1 号（MTSAT-1R）H-2A ロケット 7 号機（H-2A・F7）」, 2005.
53. 宇宙航空研究開発機構「H-2A ロケット 8 号機による陸域観測技術衛星「だいち」（ALOS）の打上げ結果について（速報）」, 2006.
54. 三菱重工業(株)・宇宙航空研究開発機構「平成 20 年度冬期ロケット打上げ及び追跡管制計画書―温室効果ガス観測技術衛星（GOSAT）／小型副衛星／ H-2A ロケット 15 号機（H-2A・F15）」, 2008.
55. 三菱重工業(株)・宇宙航空研究開発機構「平成 22 年度夏期ロケット打上げ計画書―準天頂衛星初号機「みちびき」／ H-2A ロケット 18 号機（H-2A・F18）」, 2010.
56. 宇宙航空研究開発機構・三菱重工業(株)「H-2B ロケット試験機の開発状況について」, 宇宙開発委員会（報告）, 2009.
57. Arianespace, "Ariane 5 User's Manual," Issue 5, Revision 0, July 2008.
58. Lockheed Martin Corp., "Atlas Launch System Mission Planner's Guide," Revision 10a, January 2007.
59. United Launch Alliance, "Delta 4 Payload Planners Guide," 06H0233, Sept. 2007.
60. (財)日本宇宙フォーラム「JAXA NOTE 2008」, 2008.

61. 第 22 回文部科学省宇宙開発利用部会・配布資料「新型基幹ロケットの開発状況について」, JAXA 報告, 2015.

(個人的通信メモ)
62. 長崎守高氏のコメント・メモ, 2010-2016.
63. 只川嗣朗氏のコメント・メモ, 2010-2015.
64. 池田 茂氏のコメント・メモ, 2007-2015.
65. Davis, N. W., 個人メモ, 1982.
66. Zakkay, V.（ニューヨーク大学名誉教授，故 Ferri 教授の高弟の一人）との通信メモ, 2012-14.

(インターネット情報)
67. De Córdoba, S. S. F., "100 km Altitude Boundary for Astronautics," FAI.
68. The Outer Space Treaty, United Nations Office for Outer Space Affairs.
69. Space Launch Report. www.Spacelaunchreport.com/

索引

欧文

GEO 194, 204
GTO 157, 162, 204
H-1 ロケット 13
H-2 ロケット 14, 55, 131, 132,
H-2A ロケット 15, 53, 59, 131
H-2B ロケット 15
ISS 8, 185
J_2 項 162
LE-7 55
LE-7A 53, 59
LEO 157, 193
N-1 ロケット 13
N-2 ロケット 13
SRB 95, 96, 131
SSO 167, 198
SSTO 16
TSTO 16
V 型成形爆破線 128, 131
V-2 号 3, 4

あ 行

アイソグリッド (isogrid) 106
圧縮性流体 50
アトラス・ロケット 53
アブレーティブ冷却 70, 71, 89
アポジキック 199, 202, 203
アポロ計画 5
アリアン・ロケット 9, 10
アリアンスペース社 177
アルミニウム合金 117
アルミニウム粉末 91
アルミニウム・リチウム合金 118
安全係数 (safety factor) 110
安全余裕 112, 113
安定プラットフォーム (stable platform) 146, 147, 149

アンビリカルタワー 131, 135, 160, 168
イオンエンジン（ロケット） 24
異常時の対応 173
糸川英夫 11
イベント・シーケンス 138
インコネル 118

ヴァン・アレン帯 4, 22, 38
打上げ運用 178
打上げ性能 47
打上げの窓 (launch window) 166
宇宙開発委員会 178
宇宙空間 17
宇宙航空研究開発機構法 178
宇宙ゴミ (space debrie) 97
宇宙三条約 176
宇宙条約 17, 176
宇宙損害責任条約 176
宇宙探査機 32, 167
宇宙法 (space law) 19
宇宙ロケット (space launch vehicle) 24
運動エネルギー 120, 189
運動の第2法則（ニュートンの） 185
運動の第3法則（ニュートンの） 21
運動量保存の法則 42

影響圏 (SOI) 189, 206, 208
衛星フェアリング 103
衛星フェアリング分離 132
衛星分離部 134
液化天然ガス 80
液体酸素 76, 78
液体推進薬 75

液体水素 78
液体ロケット 39
エクスプローラ1号 4
エネルギア 9
遠隔作用 143, 187
エンジンサイクル 72
遠心力 185, 188, 210, 212
円錐型ノズル 52
円錐曲線 187
円・楕円軌道 32
遠地点 (apogee) 199

おおすみ 12
オーベルト 3
音響振動 161
音速 58

か 行

加圧安定型タンク 108
回帰軌道 195
海上の警戒区域 172
外帯 38
回転楕円体モデル 162
海面上推力 55
海面上比推力 55
ガウス曲線 114
過塩素酸アンモニウム 91, 96
化学種 66, 67, 83
化学平衡 66, 68
化学ロケット 20
ガガーリン 8
角運動量保存則 144
獲得速度 45
火工品 (pyrotechnics) 88, 125
火工品回路 127
荷重に耐える 99
ガス押し式 63
ガス発生器サイクル 72
火星探査機 206

索 引

火箭 1
加速機 28
加速度（重力を除く力の） 141
加速度計 141
可動ノズル方式 89
カーボン・カーボン 89,119
火薬 126
ガラス繊維強化プラスチック
　　（GFRP） 118
ガラス転移点 97
慣性系 184,187
慣性座標系 142,147,148,184
慣性センサユニット（inertial
　　measurement unit） 141
慣性速度 29
慣性の法則 143
慣性誘導 140
慣性力 185,188,210,211,212
間接誘導 153
完全気体 68
完全再使用 16

技術移転 179
基準座標系 142
基準飛行経路 136,137,153
気象条件 168
機体姿勢 141,147
軌道
　　円・楕円—— 32
　　GPS—— 194
　　静止——（GEO） 19,167,
　　　194,201
　　双曲線—— 34,206
　　太陽同期——（SSO） 165,
　　　195
　　低高度地球周回——（LEO）
　　　157,193
　　放物線—— 32
軌道エネルギー 120,189
軌道傾斜角 191,192
軌道変更 198
軌道面変更 198,204
　　——の原則 201
軌道要素 189
起爆管 126
境界層 68,84
共通隔壁型 105

強度 99
　　構造体の—— 113
極軌道 166,195
許容荷重 114
近地点（perigee） 199
近地点高度 18

空力荷重 161
空力加熱 161
クラムシェル（分離）方式 132,
　　133

警戒区域（海上の，陸上の）
　　172
結合材 91
ケプラーの法則 187,211
ケロシン（RP-1） 78
現在位置 141,147
現在姿勢 154
現在速度 141,147
原子力ロケットエンジン 25

コア機体 101
剛性 99
構造強度 114
構造体の強度 113
高張力鋼 118
降伏 109,123
降伏安全余裕 112
降伏荷重（応力） 109
降伏強度 112
航法（navigation） 139,141,
　　150
効率性能 45
国際宇宙ステーション（ISS）
　　8,211
固体補助ロケット 103
固体ロケット 39
固体ロケットブースタ 103
ゴダード 3
こま 144
コリオリの力 212
コロリョフ 6
コロンビア号 7
混合比 58
コンコルド 124
コンポジット推進薬 91,96

さ 行

再生冷却法 69,70
最大動圧 160
最大予測荷重 111
再着火 60,162
細長比 100
最適軌道傾斜角 203
最適飛行経路 153
再突入物体 121
サターン5型ロケット 5
サニャック効果 144,146
座標変換マトリクス 148
作用圏 208
作用・反作用の法則 21

姿勢制御（attitude control）
　　139
姿勢変更プログラム 137
実質大気層 35
実体的な起源を有する力 185,
　　186
実費支弁方式 177
質量比（mass ratio） 45,47
自燃性（hypergolic） 65,79,
　　82,83
島　秀雄 14
ジャイロスコープ 141,144
射点近傍 171
終極安全余裕 113
終極荷重（応力） 109
終極強度 112
自由落下運動 184,209
重力 142,186,187
　　——を除く力 142
　　——を除く力の加速度 141
重力加速度 141
重力加速度補正 142,147,149
重力損失 34
重力場 142
重力ポテンシャル 142,162,
　　163
準回帰軌道 195
巡航機 26,28
巡航速度 124
衝撃波 119,120,121
　　強い—— 120,121

索　　引

弱い―― 120
小物体 186
指令破壊 174,175
　――の方法 175
指令破壊受信装置（CDR）
　171,174
真空中推力 55
真空中比推力 55
人工衛星 32
神舟5号 10
ジンバル（gimbal）機構 61,
　146

推進薬 20
推進薬供給系 59
推進薬充塡率 47
推進薬タンク 59
推進力 44
垂直衝撃波 121
垂直発射 169
推力 44,67
推力パターン 94
推力方向制御 61,155
水路通報 172
スウィングバイ飛行 207
スキン・ストリンガ・フレーム
　106
ステンレス鋼 117
ストラップダウン（strap-
　down）148,149
スパイクノズル 53
スプートニク1号 4
スペースX社 177
スペースシャトル 18
スペースデブリ 97
スペースラブ 9

正規分布曲線 114
制御 139,150
制限荷重 111,114
静止衛星 19,167,192
静止軌道（GEO）19,167,
　194,201
静止トランスファ軌道（GTO）
　157,162,202
セグメント 92
設計安全係数 110

設計荷重 113
設計降伏安全係数 112
設計降伏荷重 111,112,113
設計終極安全係数 112
設計終極荷重 112,114
接触力 186,187,211
摂動 22,197
セーフ・アーム装置 127
セミモノコック様式 106

双曲線（軌道）34,187,206
総推力 44
増速度 44
速度増加 44
速度損失 34
ソユーズ・ロケット 8

た　行

第1宇宙速度 32
耐荷する 109
大気圏再突入 119
第3法則（ニュートンの運動の）
　21
タイタン・ロケット 131
対地速度 29
第2宇宙速度 32
第2法則（ニュートンの運動の）
　185
大物体 186
太陽中心慣性座標系 185,206
太陽同期軌道（SSO）166,195
楕円 190
多段式構成 35
ターボポンプ 64
弾性変形（有害な）109
炭素繊維強化プラスチック
　（CFRP）118
単段式再使用型宇宙輸送機
　（SSTO）16
断熱材 87

力
　コリオリの―― 212
　実体的な起源を有する――
　185,186
　見かけの―― 185,187,210,
　212

地球の影響圏 206
地球観測衛星 167
地球周回楕円軌道 18
地球中心慣性座標系 34,185,
　206
地上追跡局 165
チタン合金 118
地方時 195
　――の選択 196
チャレンジャー号 7
超音速 121
超音速ノズル 49
超音速流 51
超音速旅客機 124
長征ロケット 10
直接誘導 153

ツィオルコフスキー 2,45
使い捨てロケット 15
強い衝撃波 120,121

低高度地球周回軌道（LEO）
　157,193
デルタ・ロケット 13
テレメータ送信装置 171
点火装置 88
電波誘導 140

動圧 160,163
等エントロピー流 68
凍結流 49,68
導爆線 126
独立隔壁型 105
ドリフト軌道 203
鈍感型起爆管 126
鈍頭（物体）100,103,120,121

な　行

内帯 38
中子（なかご）92
斜め衝撃波 121
斜め発射 169

2体問題 185
2段式再使用型宇宙輸送機
　（TSTO）16
2段燃焼サイクル 73,84

ニュートンの運動の第2法則 185
ニュートンの運動の第3法則 21

燃焼室 59
　——の性能 67
燃料バイアス 82

ノズル 89
ノズル膨張比 58
ノータム 173

は 行

ハイブリッドロケット 41
バインダ 91
破壊 109
パーキング軌道 19,202
爆轟 126
爆燃 126
爆薬 126
発火限界 79
発射 164
はやぶさ 12,25
万有引力 142,185

非圧縮性流体 50
非化学ロケット 20
非慣性系 187
非慣性性座標系 210
飛行安全管制 173
　ロシアの—— 175
飛行監視 175
比推力（specific impulse） 45,67,78
非対称ジメチルヒドラジン 80
ヒドラジン 80
ヒドラジン系燃料 80
ファルコン・ロケット 177
フォン・カルマン 18
フォン・カルマン線 18
フォン・ブラウン 3,6
複合材料 118
ブーストフェーズ 56
沸点 97

部分降伏 116
プラグノズル 53
プラットフォーム方式 149
噴射器 64
分離機構 125
分離ナット 127
分離ボルト 127
分離モータ 130,131

平行分離方式 133,134
ペイロード（payload） 4,19,20
ペリジキック 199,202
ベル型ノズル 53
変形（有害な） 123
方向余弦マトリクス 148,149
放射冷却 71
放物線（軌道） 32,187
母材 118
ポテンシャルエネルギー 120,189
ホーマン遷移（トランスファ）軌道（Hohmann transfer orbit） 198,199,200
ポンプ式 63

ま 行

マッハ数 58
窓（打上げの） 166
マトリクス 118
見かけの力 185,187,210,212
ミッション要求 31
ミッション要求速度 35
南大西洋異常領域 38
ミュー・ロケット 12
無重量（無重力） 209
無人ロケット 116
無動力飛行 184
無誘導 151
無誘導飛行 151
目標姿勢 154
モータケース 87

モノコック様式 106
モノメチルヒドラジン 80
モンロー・ノイマン効果 128

や 行

有害な弾性変形 109
有害な変形 123
有人・再使用型 116
有人ロケット 116
融点 97
誘導（guidance） 139,150,153
誘導コマンド 154
誘導制御 139
誘導則 152
誘導飛行 150,151,152
誘導方式 152

予冷 82
弱い衝撃波 120

ら 行

ライナ 87
ランデブー・ミッション 168

陸上の警戒区域 172
離心率 191
リフトオフ 129,158,164
領空 17
リング・レーザ・ジャイロ（ring laser gyro） 144

レーダートランスポンダ 170

ロシアの飛行安全管制 175

わ 行

ワッフル 106

著者略歴

宮澤 政文
みやざわ まさふみ

1938 年生　長野県出身
1962 年　京都大学工学部航空工学科卒業，(旧)航空宇宙技術研究所入所
1973 年　ニューヨーク大学にて高速空気力学の研究，PhD (博士号) 取得
　　　　同年 (旧) 宇宙開発事業団入所後，ロケット開発本部副本部長，筑波宇宙センター所長，静岡大学教授等を経て現在に至る．

宇宙ロケット工学入門　　　　　　　　　　定価はカバーに表示

2016 年 11 月 20 日　初版第 1 刷
2024 年 1 月 25 日　　　第 8 刷

　　　　　　　　　　　著　者　宮　澤　政　文
　　　　　　　　　　　発行者　朝　倉　誠　造
　　　　　　　　　　　発行所　株式会社　朝　倉　書　店
　　　　　　　　　　　　　　　東京都新宿区新小川町 6-29
　　　　　　　　　　　　　　　郵便番号　162-8707
　　　　　　　　　　　　　　　電話　03(3260)0141
〈検印省略〉　　　　　　　　　　FAX　03(3260)0180
　　　　　　　　　　　　　　　https://www.asakura.co.jp

© 2016 〈無断複写・転載を禁ず〉　　　　　Printed in Korea

ISBN 978-4-254-20162-8　C 3050

JCOPY　〈出版者著作権管理機構　委託出版物〉

本書の無断複写は著作権法上での例外を除き禁じられています．複写される場合は，そのつど事前に，出版者著作権管理機構 (電話 03-5244-5088, FAX 03-5244-5089, e-mail: info@jcopy.or.jp) の許諾を得てください．

海洋大 刑部真弘著
エネルギーのはなし
——熱力学からスマートグリッドまで——
20146-8 C3050　　　A5判 132頁 本体2400円

日常の素朴な疑問に答えながら，エネルギーの基礎から新技術までやさしく解説。陸電，電気自動車，スマートメーターといった最新の話題も豊富に収録。〔内容〕簡単な熱力学／燃料の種類／ヒートポンプ／自然エネルギー／スマートグリッド

日本機械学会編　横国大 森下　信著
知って納得！　機械のしくみ
20156-7 C3050　　　A5判 120頁 本体1800円

どんどん便利になっていく身の回りの機械・電子機器類—洗濯機・掃除機・コピー機・タッチパネル—のしくみを図を用いてわかりやすく解説。理工系学生なら知っておきたい，子供に聞かれたら答えてあげたい，身近な機械27テーマ。

前東大 谷田好通・前東大 長島利夫著
ガスタービンエンジン
23097-0 C3053　　　B5判 148頁 本体3200円

航空機，発電，原子力などに使われているガスタービンエンジンを体系的に解説。〔内容〕流れと熱の基礎／サイクルと性能／軸流圧縮機・タービン／遠心圧縮機／燃焼器・再熱器・再生器／不安定現象／非設計点性能／環境適合／トピックス／他

前筑波大 松井剛一・前北大 井口　学・
千葉大 武居昌宏著
熱流体工学の基礎
23121-2 C3053　　　A5判 216頁 本体3600円

熱力学と流体力学は密接な関係にありながら統一的視点で記述された本が少ない。本書は両者の橋渡し・融合を目指した基本中の基本を平易解説。〔内容〕流体の特性／管路設計の基礎／物体に働く流体力／熱力学の基礎／気液二相流／計測技術

東洋大 望月　修著
図解 流 体 工 学
23098-7 C3053　　　A5判 168頁 本体3200円

現実の工学および生活における身近な流れに興味を抱くことが流体工学を学ぶ出発点である。本書は実に魅力的な多数のイラストを挿入した新タイプの教科書・自習書。また，本書に一貫した大テーマは流体中を運動する物体の抵抗低減である

海洋大 刑部真弘著
エンジニアの 流 体 力 学
20145-1 C3050　　　A5判 176頁 本体2900円

流れを利用して動く動力機械を設計・開発するエンジニアに必要となる流体力学的センスを磨くための工学部学生・高専学生のための教科書。わかりやすく大きな図を多用し必要最小限のトピックスを精選。付録として熱力学の基本も掲載した

前千葉大 夏目雄平著
やさしく物理
——力・熱・電気・光・波——
13118-5 C3042　　　A5判 144頁 本体2500円

理工系の素養，物理学の基礎の基礎を，楽しい演示実験解説を交えてやさしく解説。〔内容〕力学の基本／エネルギーと運動量／固い物体／柔らかい物体／熱力学とエントロピー／波／光の世界／静電気／電荷と磁界／電気振動と永遠の世界

東京理科大学サイエンス夢工房編
楽 し む 物 理 実 験
13090-4 C3042　　　B5判 144頁 本体2900円

実験って面白い！身近な道具やさまざまな工夫で不思議な物理ワールドを体験する。イラスト多数〔内容〕力とエネルギーを実験で確かめよう／熱ってなあに？／静電気で驚こう／単振動／磁界／光の干渉・屈折／電磁誘導／交流と電波／電流／他

前東大 大津元一監修
テクノ・シナジー 田所利康・東工大 石川　謙著
イラストレイテッド 光 の 科 学
13113-0 C3042　　　B5判 128頁 本体3000円

豊富なカラー写真とカラーイラストを通して，教科書だけでは伝わらない光学の基礎とその魅力を紹介。〔内容〕波としての光の性質／ガラスの中で光は何をしているのか／光の振る舞いを調べる／なぜヒマワリは黄色く見えるのか

前東大 大津元一監修　テクノ・シナジー 田所利康著
イラストレイテッド 光 の 実 験
13120-8 C3042　　　B5判 128頁 本体2800円

回折，反射，干渉など光学現象の面白さ・美しさを実感できる実験，観察対象などを紹介。実践できるように実験・撮影条件，コツも記載。オールカラー〔内容〕撮影方法／光の可視化／色／虹／逃げ水／スペクトル／色彩／ミクロ／物作り他

前東大 岡村定矩 編

天文学への招待

15016-2 C3044　　A5判 224頁 本体3400円

太陽系から系外銀河までを，様々な観測と研究の成果を踏まえて気鋭の研究者がトータルに解説した最新の教科書。〔内容〕天文学とは何か／太陽系／太陽／恒星／星の形成／銀河系／銀河団／宇宙論／新しい観測法（重力波など）／暦と時間

国立天文台 渡部潤一監訳　後藤真理子訳

太陽系探検ガイド
――エクストリームな50の場所――

15020-9 C3044　　B5変判 296頁 本体4500円

「太陽系で最も高い山」「最も過酷な環境に耐える生物」など，太陽系の興味深い場所・現象を50トピック厳選し紹介する。最新の知見と豊かなビジュアルを交え，惑星科学の最前線をユーモラスな語り口で体感できる。

産総研 加藤碵一・名大 山口　靖・環境研 渡辺　宏・資源・環境観測解析センター 鷹田麻子 編

宇宙から見た地質
――日本と世界――

16344-5 C3025　　B5判 160頁 本体7400円

ASTER衛星画像を活用して世界の特徴的な地質をカラーで魅力的に解説。〔内容〕富士山／三宅島／エトナ火山／アナトリア／南極／カムチャツカ／セントヘレンズ／シナイ半島／チベット／キュプライト／アンデス／リフトバレー／石林／など

加藤碵一・山口　靖・山崎晴雄・渡辺　宏・汐川雄一・鷹田麻子 編

宇宙から見た地形

16347-6 C3025　　B5判 144頁 本体5400円

ASTER衛星画像で世界の特徴的な地形を見る。〔内容〕ミシシッピデルタ／グランドキャニオン／ソグネフィヨルド／タリム盆地／南房総／日本アルプス／伊勢志摩／長野盆地／糸魚川−静岡構造線／アファー／四川大地震／岩手宮城内陸地震等

前阪大 高原文郎 著

新版 宇宙物理学
――星・銀河・宇宙論――

13117-8 C3042　　A5判 264頁 本体4200円

星，銀河，宇宙論についての基本的かつ核心的事項を一冊で学べるように，好評の旧版に宇宙論の章を追加したテキスト。従来の内容の見直しも行い，使いやすさを向上。〔内容〕星の構造／星の進化／中性子星とブラックホール／銀河／宇宙論

東北大 二間瀬敏史 著
現代物理学［基礎シリーズ］9

宇宙物理学

13779-8 C3342　　A5判 200頁 本体3000円

宇宙そのものの誕生と時間発展，その発展に伴った物質や構造の誕生や進化を取り扱う物理学の一分野である「宇宙論」の学部・博士課程前期向け教科書。CCDや宇宙望遠鏡など，近年の観測機器・装置の進展に基づいた当分野の躍動を伝える。

東工大 井田　茂・東大 田村元秀・東大 生駒大洋・東大 関根康人 編

系外惑星の事典

15021-6 C3544　　A5判 364頁 本体8000円

太陽系外の惑星は，1995年の発見後その数が増え続け，さらに地球型惑星の発見によって生命というい新たな軸での展開も見せている。本書は太陽系外天体における生命存在可能性，系外惑星の理論や観測について約160項目を頁単位で解説。シームレスかつ大局的視点で学べる事典として，研究者・大学生だけでなく，天文ファンにも刺激あふれる読む事典。〔内容〕系外惑星の観測／生命存在（居住）可能性／惑星形成論／惑星のすがた／主星

前東大 岡村定矩 監訳

オックスフォード辞典シリーズ

オックスフォード 天文学辞典

15017-9 C3544　　A5判 504頁 本体9600円

アマチュア天文愛好家の間で使われている一般的な用語・名称から，研究者の世界で使われている専門的用語に至るまで，天文学の用語を細大漏らさずに収録したうえに，関連のある物理学の概念や地球物理学関係の用語も収録して，簡潔かつ平易に解説した辞典。最新のデータに基づき，テクノロジーや望遠鏡・観測所の記載も豊富。巻末付録として，惑星の衛星，星座，星団，星雲，銀河等の一覧表を付す。項目数約4000。学生から研究者まで，便利に使えるレファランスブック。

野波健蔵・水野　毅編者代表

制　御　の　事　典

23141-0 C3553　　　B 5 判 592頁 本体18000円

制御技術は現代社会を支えており，あらゆる分野で応用されているが，ハードルの高い技術でもある．また，これから低炭素社会を実現し，持続型社会を支えるためにもますます重要になる技術であろう．本書は，制御の基礎理論と現場で制御技術を応用している実際例を豊富に紹介した実践的な事典である．企業の制御技術者・計装エンジニアが，高度な制御理論を実システムに適用できるように編集，解説した．〔内容〕制御系設計の基礎編／制御系設計の実践編／制御系設計の応用編．

前東大 中島尚正・東大 稲崎一郎・前京大 大谷隆一・東大 金子成彦・京大 北村隆行・前東大 木村文彦・東大 佐藤知正・東大 西尾茂文編

機械工学ハンドブック

23125-0 C3053　　　B 5 判 1120頁 本体39000円

21世紀に至る機械工学の歩みを集大成し，細分化された各分野を大系的にまとめ上げ解説を加えた大項目主義のハンドブック．機械系の研究者・技術者，また関連する他領域の技術者・開発者にとっても役立つ必備の書．〔内容〕I 編（力学基礎，機械力学）／II 編（材料力学，材料学）／III 編（熱流体工学，エネルギーと環境）／IV 編（設計工学，生産工学）／V 編（生産と加工）／VI 編（計測制御，メカトロニクス，ロボティクス，医用工学，他）

東大 金子成彦・東工大 大熊政明編

機械力学ハンドブック
—動力学・振動・制御・解析—

23140-3 C3053　　　A 5 判 584頁 本体14000円

機械力学の歴史，基礎知識から最新情報を含めた応用に至るまで，他の分野との関わりを捉えながら丁寧に解説．〔内容〕剛体多体系の動力学／線形振動系のモデル化と挙動／非線形振動系のモデル化と挙動／自動振動系のモデル化と挙動／不確定系のモデル化と挙動解析／各種振動と応答解析／剛体多体系動力学の数値解析法／複雑な振動系の数値解析法／非線形系の振動解析法／振動計測法／振動試験法／実験的同定法と振動解析／機構制御技術／制振制御技術／振動利用技術／他

日本エネルギー学会編

エネルギーの事典

20125-3 C3550　　　B 5 判 768頁 本体28000円

工学的側面からの取り組みだけでなく，人文科学，社会科学，自然科学，政治・経済，ビジネスなどの分野や環境問題をも含めて総合的かつ学際的にとらえ，エネルギーに関するすべてを網羅した事典．〔内容〕総論／エネルギーの資源・生産・供給／エネルギーの輸送と貯蔵・備蓄／エネルギーの変換・利用／エネルギーの需要・消費と省エネルギー／エネルギーと環境／エネルギービジネス／水素エネルギー社会／エネルギー政策とその展開／世界のエネルギーデータベース

前立命館大 杉本末雄・東大 柴崎亮介編

GPSハンドブック

20137-6 C3050　　　B 5 判 516頁 本体15000円

GPSやGNSSに代表される測位システムは，地震や火山活動などの地殻変動からカーナビや携帯電話に至るまで社会生活に欠かすことができない．また気象学への応用など今後も大きく活用されることが期待されている．本書はその基礎原理から技術全体を体系的に概観できる日本初の書．〔内容〕衛星軌道と軌道決定／衛星から送信される信号／伝搬路／受信機／測位アルゴリズム／補強システム／カーナビゲーションとマップマッチング／水蒸気観測と気象／地域変動／時空間情報／他

上記価格（税別）は2023年12月現在